U0154051

前進印度當老闆

50位清華大學生的「新南向政策」

推薦序

田中光（中華民國駐印度大使）

方天賜教授雖然離開外交部，但他卻從沒有離開外交，在清華大學教課期間多次造訪印度，與印度智庫交換意見心得，目前是國內學者專家懂印、知印的佼佼者，有一次本人受邀赴O.P. Jindal Global大學發表台印關係演講，方教授亦在受邀講者之列，聆聽他對印度的專題，圖文並茂，生動有趣，頓覺外交部失去了一位好的外交官，但清華大學得到了一位好的教授，學生當受益匪淺。

印度文明古國，歷史文化悠久綿長，獨立後施行民主政治，是世界上最大的民主共和國，官方語言22種，通用文字多達16種，29個邦，7個特別行政區。印度人常說，離開幾十公里，就有不同的方言、服飾、飲食烹調，別說外國人很難瞭解印度，印度人自己都說，他們也不瞭解印度呢。

印度人的生活習性及價值觀受其印度教及種姓制度影響甚深。一般而言，社會上雖貧富不均，但並不見仇富輕貧情結，每個人或生物都有一個生存的空間，所以道路上各式交通工具，汽車、機車、腳踏車、馬車、牛車、大象、駱駝、手推車……都可共用道路，亂中有序，兼具一種混亂又協調之社會現象。我認為至少要瞭解這一種生存的方式及文化，並能接受它、欣賞它才能論及與印度作經貿與文化之交流。

「前進印度當老闆」一書是一群大都沒有來過印度的年輕朋友，以他們在台灣的生活經驗加上創新的思維以及充分的市場分析，並和印度朋友或來過印度的同學詢問後所集合而成。台灣的讀者讀來會心一笑，因為書中這些內容都已經和我們生活中發生多年關係，我們都已視為當然，但是經過清華同學做有系統的分析，成本的計算，產品的宣傳前置作業，確實感受到年青朋友非但有創意，有點子，也有實踐的能力。日前有機會走訪多倫多，居然在繁華高價的熱鬧商區吃到台灣的刈包，不但外型一樣，味道也是純粹台灣翻版，生意鼎盛，另外，聽說豪大雞排也大賣，常常一排難求，排隊為雞排。倫敦的珍珠奶茶也是台灣移植出去而發揚光大。

今天的印度由於政府大力招商，國際曝光率提升，連帶人民也信心滿滿，更能接受外來的文化、飲食，甚至語文的訓練。「前進印度當老闆」書中所提有關「竹以驚豔」、「印度竹炭奇蹟」也正是印度東北各州已向本處提出技術協助之計劃之一。書中這兩篇文章已將東北各州竹子產業的潛力，發展的歷史，台印兩國合作的經過都已細述，對本處來說甚具參考價值，再pick up這計劃就能夠事半功倍。在食品方面，除了直接做吃的外，其實做食品加工更具發展潛力。其因乃印度每年生產的糧食穀物，由於運送過程的不當，或冷儲設備的不全，耗損幾達40%，而生產的農作物作成食品加工的僅占3%，相較泰國、馬來西亞的食品加工達23%～25%之間，這一區塊仍有相當大的商機。

以印度人口之多，勞動力之年輕，勞工薪資較競爭力，資源豐富，中產階級多達三億人，而且還在繼續成長之中，其所造成之廣大內需市場，加上印度地理位置，東西皆逢源，經西可經由中東遠達非洲，往東又能連結東南亞國家，這些優勢都是難以取代的。目前印度政府積極招商，台灣以其靈活的製造能力，敏銳的市場洞察力，以及高科技的發展，為了永續經營，支撐台灣的經濟生存，當然須積極進入此一市場，年輕朋友在這本書所顯現的創造力，不也正是台灣經濟奇蹟再現的見證。

印度尤（〈去印度打拚，走進另一個世界的中心〉作者，鳳凰衛視駐印度特約記者）

你會怎麼形容「發展中國家」呢？「什麼都沒有，所以什麼都是機會」無疑能夠成為一個註解，位處歐亞之間且擁有12.5億人口的印度，正處於這樣的狀態，而這頭尚未全速衝刺的印度象，就已經超越正在放緩的中國龍，成為全球經濟增長速度最快的國家，其潛力不容小覷，而台灣是否也能搭上這班新的經濟列車呢？

印度的種族、宗教、文化、歷史以及社會結構複雜，除了是背包客的終極挑戰地之外，對於創業者來說，也是一個充滿荊棘的苦難之地，不易進入也不易經營，然而晚了一步可能又搶不到這塊放在眼前的大餅。雖然書中50位清大生的報告仍較稚嫩，但他們邁開了前進印度淘金的第一步，著手了解、衡量與預測印度的產業市場概況，為台灣前進印度提供一個可能的角度，窺探這個不可思議的南亞次大陸。

林文源（國立清華大學通識中心主任）

青年如何想像世界？如何前進國際？又如何借此為台灣經驗加值？天賜老師轉化駐派印度的長期累積，在本校通識課堂帶領多種專業背景的同學，從資源、產業、科技、文化、娛樂、工藝、飲食各層面，鋪設從台灣連結印度的多元想像。

初生之犢不畏虎，嶄新視野下，無數創新點子閃閃發光，除了跨領域合作，這些創新思維更展示如何紮根現實，從在地經驗進行跨文化創意發想，也拓展通識聚各領域英才而教的潛力與理想。

翁文祺（中華郵政董事長、清華大學榮譽校友）

台灣票房一度長虹的印度電影「三個傻瓜」描寫印度理工學院(IIT)三位學生的求學甘苦和畢業後如何各自打開一片天。IIT是世界級的大學，影響力相當於台灣的清華大學。今天有50位清大的「傻瓜們」拿印度當作研究標的，結集出書，其實做的正是聰明的傻事。

台印關係長期疏遠，國人對印度多存有未必正確的觀感。我於2008年到印度擔任大使，意外發現清華大學發揮傻瓜精神，獨鍾印度，招收了不少優秀的印度生。於是與清大合作，前後在六個大學開辦了台灣教育中心，由清大派出老師到校園教授華語。這個模式契合印度的需求，也對台印經貿、文化交流起了長遠的大作用。當時，作為推手的三個傻瓜分別是馮副校長達旋、王偉中教授和我本人。

台印兩國在許多領域都有互補性，也存在極大的發展空間，因為很多人的努力，包括清大，過去的疏離已經消溶。兩年前上任的莫迪總理勵精圖治，戮力推動新政，印度前景全球矚目，由於莫迪本人對台友好，盼望加強與台灣的產業合作，是以蔡英文總統一上任，即將印度納入大力推動的新南向政策。

我常鼓勵年輕朋友要「走人少走的路」，印度就是人少去的地方，說真的，道路也不怎麼好走。所以優秀的清大學生願意認真研究印度，有可能進一步發揮領頭羊作用，蔚為風潮。

這本書從在校生的觀點探索台印攜手合作的各種可能性，專業性也許不足，但強烈展示新世代走出台灣，進軍國際的企圖心，十分值得鼓勵。遵好友方天賜教授之囑，特為之序。

康世人（中央通訊社駐新德里特派員）

不想當「媽寶」而願意闖天涯，這對現在的台灣年輕人來說，真的值得好好鼓勵；而崛起中的印度，絕對是個含金量很高的起點。本書努力為想到印度闖出一片天的年輕人，透過學術和實務的結合試圖找出可行的模式，真心推薦，值得一讀。

莊慧玲（國立清華大學科技管理學院院長、前清華學院副院長）

台青在地看印度！有少年Pi的奇幻，也有人文關懷的溫馨，當然更少不了台灣美食的輸出。獨特的角度帶來不同的視野！台「清」的創意發想，讓我們更加期待不一樣的台印關係。

黃志芳（新南向辦公室主任）

台灣的「新南向政策」是以「人為本」的台灣新經濟戰略，人才是一個國家最重要的資產，人才也是一個企業最重要的資產。印度人口眾多，經濟潛力無窮，是新南向政策中，非常重要的一個國家。但是印度對台灣企業而言，也是一個高難度的市場。

本書集合五十位清華大學生的研究報告，便提供了相關資訊協助讀者瞭解印度的現況及台灣的競爭優勢。其次，若從人才培養的角度，則期待這群年輕作者成為新南向的尖兵，利用新世代的集體智慧，協助台灣企業界，進軍南亞新興市場作。也希望本書可以引發更多大專院校的興趣及參與，共同來擴大新南向政策的人才培養與產業連結。

謝小芩（國立清華大學學務長）

「前進印度當老闆」一書淋漓盡致地展現了通識課程的可能性：不同科系的同學，跨出孰悉的台灣，放眼陌生的印度，突破主修專業的視框，重新認識台灣特色，進而腦力激盪，擘劃出到印度創業當老闆的藍圖，並且集結成書。這其中，方天賜老師大膽的課程實驗與全力的投入付出，導引著同學們將課程的「可能性」轉化為紮實的學習歷程，發揮潛力與創意，一步一步銘刻於成長印記中。

這本書的出版，不是句號，而是一個逗號，激勵著教師們繼續創造通識教育的價值，也鼓舞著年輕人勇於採取行動，邁向藍海。

主編序

自從2011年離開外交工作進到學校服務後，有兩個問題始終縈繞在心。

第一個關注點是，如何讓年輕世代的潛力可以落實發揮。在全球化的影響下，人員的跨國流動已經逐漸成為常態，愈來愈多年輕人走出舒適圈，以世界為舞台。但除了鼓勵年輕人以出賣勞力方式到已開發中國家「打工渡假」外，我們是不是還可以有其它的另類思維？比方說，我們為什麼不協助年輕世代利用現有的優勢到開發中國家去創業或者當經理人，而不只是當打工族呢？

第二個讓我念念不忘的議題是要如何推動台灣與印度的雙邊關係。台灣雖然從2003年就將印度列為重點拓銷市場，但歷經十年多的努力，台印的經貿交流卻仍有限，對印度貿易僅佔台灣對外貿易不到1%，不符合印度是崛起金磚國家及台灣是出口大國的特質。眼見中日韓等鄰近國家的產業在印度都有不錯的發展，惟獨台商有「看得到卻吃不到」之憾。

故本書結合上述兩個思考動機，一方面鼓勵年輕人去思考前進已開發國家的機會，另一方面，則希望藉由年輕世代的集體智慧，思索發展台印經貿的另一種途徑。希望藉此引起社會對此議題更多的關注。

因此，我集合選修「印度文明與當代社會」這門課程的50位清華大學學生，混編為十個小組，分別選擇有興趣的主題進行研析。利用台灣在地優勢，針對印度市場提出的十個創投計畫每項計畫：首先介紹產品特色，接著分析印度的投資環境，最後提出可行的行銷手法與團隊合作的模式。希望在案例設計中，導入年輕人的創新思考力，讓讀者能進一步地瞭解印度的市場環境以及可能潛在的巨大商機。除了資料蒐集之外，本研究也要求訪談旅台的印度人作為研究佐證等。由於本書作者群來自於不同的科系背景，在報告進行中，作者們需要進行跨領域的思辯整合，也因此讓本書內容更加豐富。

本書的主要架構分為「商機產品」、「文創產業」、「特調茶飲」、「食尚玩家」四個單元。在商機產品方面，共有「Amazing Bamboo——竹以驚豔」、「黑鑽石傳說——印度竹炭奇蹟」、「台灣罩得住——口罩工業前進印度」三篇報告。「Amazing Bamboo」一文展現強大的企圖心，希望以社會企業的概念，結合台灣過去盛行的家庭代工及印度的竹藝品，協助改善印度農村的經濟。「黑鑽石傳說」同樣為印度龐大的竹子資源所吸引，但導入台灣已經相當成熟的竹炭科技，大幅提高附加價值。「台灣罩得住」注意到印度都會城市的空氣汙染愈來愈嚴重，卻沒有台灣已相當普遍的「口罩文化」。如果此時將台灣口罩引進印度生產製造，可以獲得相當大的商機。

在文創產業部分，則有「『華』進印度——印度華語教學市場」、「印度好聲音——這是karaKTV」兩篇報告。「『華』進印度」一文主要是探索印度的華語教學市場。由於印度與中國關係不佳，台灣的華語師資成為印度華語教學的重要外援。「印度好聲音」則注意到印度寶萊塢中電影的熱歌勁舞，建議將台灣的KTV輸出到印度，或能引發印度一股新的娛樂風潮。

在國人日常生活中不可或缺的特調茶飲部分，則有「TwIn's tea——台式茶坊在印度」、「雪山女神的遺愛——木瓜牛奶」兩篇文章。台灣與印度都有喝茶文化。印度奶茶在台灣已經不陌生，但印度卻少見到台式飲料。「TwIn's tea」一文因此建議到印度經營台式茶坊，另闢藍海。而特定選定Taiwan與India兩字的字首結合成「TwIn's」，寓有台印聯合之意，亦見巧思。

「食尚玩家」部分，則收錄「When Phoenix Meets Garuda——台灣窯烤鳳梨酥」、「早安晨之美——台式早餐」、「雞腸轆轆—台灣夜市小吃」兩篇。鳳凰（Phoenix）是中華的象徵，迦樓羅（Garuda，或譯大鵬金翅鳥）則是印度教的聖獸。「When Phoenix Meets Garuda」特意選兩者為篇名，有台印交會之意。選定的產品則是台灣近年來相當盛行的鳳梨酥。誰說鳳梨酥只能賣大陸觀光客呢？「早安晨之美」則提出大膽構想，希望將台灣多元的早餐食品移植到印度，但刻意加上印度的香料調味，以符合當地所需。「雞腸轆轆」則希望輸出台灣的雞排及滷味，結合台灣的料理手法與當地食材，征服印度人的味蕾。

當然，學生多數沒有實地去過印度，故只能以訪談印度人士的方式補強，這些計畫也未必都成熟到可立即操作。但在沒有任何資源的情況下，作者們對本書投注相當的時間跟精力，卻是值得鼓勵。報告內容雖然也免不了帶有幾許青澀味，卻也是本書的價值。因為這些報告反映出年輕世代對於台灣自身優勢的認知及對印度社會的理解與期待。不僅讓讀者看到印度潛在的廣大商機，同時也能進一步瞭解印度複雜的文化社會面貌。

本書得以完成，實為眾人的心血結晶。為強化本書的可讀性，也特別邀請資策會的何明豐博士、清大全球處張棋炘博士、尼赫魯大學董玉莉博士候選人等印度專家為讀者撰寫導讀，分別解析印度的市場潛力及對台灣的重要性。本書在撰寫階段，也商請劉堉珊助理教授、謝佩珊博士、吳怡玉博士候選人針對每篇報告提出補強與修正的建議。謝貿琪、周玲兩位行政編輯花了大量時間為本書進行校訂與編排。董玉莉老師、汪尚柏、Poonam Sharma則無償提供本書數幀照片，豐富本書的閱讀樂趣。

田中光大使、媒體人印度尤、林文源主任、翁文祺董事長、康世人特派員、莊慧玲院長、黃志芳主任、謝小芩學務長等諸位師長在百忙之中為本書撰寫推薦語，字字溫暖鼓勵，也是鞭策本書年輕作者們的前進的力量。均特此致謝。

目前正值台灣推動「新南向政策」強化台印關係之際，本書希望結合大學的教育研究及社會的需求，利用年輕世代的創意，以台灣周遭的小資產業為分析案例，探索前進印度的可能性，提供社會不同的思考面向。印度研究不應只是停留在教室中，期許我們都能大膽前進印度。

本書編輯比預期花費更多的時間與資源，不免影響到日常生活，感謝媽媽與玉莉的諸多容忍與支持。

文 / 方天賜

導讀（一）：到印度創業——公司型創業與原生型創業

何明豐
（財團法人資訊工業策進會國際處、印度智慧城市專案計畫主持人、
台灣物聯網聯盟副秘書長）

印旅奇緣

在清華大學攻讀科技管理博士學位期間，受到方天賜教授的啟發，得以窺見印度這個新興市場的有趣發展。期間也和清華大學、交通大學及中興大學的印度研究學群一同前往印度的尼赫魯大學、德里大學、國立伊斯蘭大學等地參加學術活動、觀察印度社會並訪談在印度的台商而完成了我博士論文的印度個案研究。方教授的教學向來活潑具有創意，此次提出讓青年學子思考在印度創業的創意課程設計，個人很榮幸能略盡棉薄之力參與一小部分，在課堂上提出在印度創業的思考方向之淺見供同學們參考。如今欣見同學們細緻化演繹下之創業藍圖彙集成書，讓台灣人思考全世界日漸受矚目的印度市場之際，得以知曉在印度的文化、創意、資源、創業等各方面的概況，並得以了解台灣少數深度思考在印度創業的人才庫來源。源於清華大學與印度的特殊淵源，讓我能踏上印度這個神秘國度，持續我的商業觀察與研究；同時基於以往在台灣物聯網聯盟的特殊歷練，讓我得以在目前的工作持續以物聯網為基礎模組架構推動為印度智慧城市的設計專案。種種神奇的緣份，讓我的印度旅程正持續揚帆前進，相信日後會有更多的機緣巧合融合中華文化與印度文化的深層脈絡。

「青（清）」年拍的奇幻旅程

任何科技轉移造成的變化總是有好有壞，就像每個科技世代，業界也會

有贏家和輸家。任何市場進入造成的移地現象是機會也是挑戰，每個企業進軍新興市場，也會有成功及失敗的差別，與企業商業策略的選擇有極大的關係。

白話一點來說，會做與會賣是不同的兩種能力，就如同代工模式與品牌經營模式不同。台灣有許多歷史悠久的小吃店，老板們多半是樸實的老實人，長時間專心做一件事、幾樣簡單的食品而成功，日久口耳相傳而成為老店。並不是一開始就到處行銷自己的小吃有多好吃。也許就是我們這種固有的「苦做實做」美德，限縮了我們的自我行銷能力。也使得天生應該向外發展的台商們，也大部分選擇了「代工」的路線，專注於「會做」的本份。台商習慣「會做」，不太想學習「會賣」這件事。因為每個海外市場的特性、民族性都不同。到每個市場都要重新摸索市場特性，便覺得太費神了！

但是人生的真理是：有學習的付出，才會成長。只「會做」，就只能當製造業浪人，一天到晚往「人力成本低」的國家去流浪，永遠沒有根。從以前往中國大陸尋找低成本的人力、土地資源，但現在發現中國的成本也居高不下，就往東南亞遷移，並沒有學習到什麼新的商業方法，而只是堅守「會控制成本」的專長。

囿於台灣的本土市場小，台商若要經營「會賣」的本事於全球眾多市場，總覺得投入成本太高、資金回收期長、學習曲線、商場戰線都太長。要克服以上市場行銷、品牌經營的難題，磨練出「會賣」的本事，最好的策略是找一個夠大的市場，去懂當地文化，長期經營。本來中國大陸與台灣同文同種，原本是台商經營「會賣」的一個好市場，但因台商還是覺得「會做」比較容易，安於現況的舒適圈，並沒有往「會賣」的高附加價值方向跨出。結果現在是大陸人比台商「會賣」（如：小米），更有些「會做也會賣」（如：聯想），台商在中國大陸幾乎快出局了，因此才有近來對大陸崛起的紅色供應鏈之恐懼。

所幸我們的新世代的同學們並沒有被限縮在這個只有製造能力強的產業框架中，書中每一組同學們的商業規劃都有深厚的品牌思維，同學們訴說品牌故事能力也見潛力，同時善用台灣現有的資源，也仔細找出印度的市場缺口，設計出資源與市場互補的商業模式。更難能可貴的是大多數同學都還未曾踏足印度，就能充分利用清華大學的印度研究、眾多印度在台留學生的現有資源，詳細勾勒擘劃未來的印度創業大計。雖然說日後創業過程必定仍有許多難題待克服，但是「有夢最美」的創業想法，是教育中最難以培養的潛質。同學們大聲說出、仔細規劃出的創業計畫，與阿基米德所言：「給我一個支點，我可以舉起整個地球」的魄力並無二致。

本書相信是台灣或甚至全球華人圈第一本針對印度市場的商業模式分析專書，以台灣資源、經驗解決印度問題，並創造商業價值。更難能可貴的是書中不乏深具社會企業思維的資本主義救贖商業模式，顯見青年學子的人文關懷。清華青年學子對印度市場的創業規劃，是個人夢想於遠方印度市場的投射，就像拍攝電影一樣地先投影於心中。而印度這個色彩繽紛的國度也定然回應，當同學們日後因緣俱足地踏上並實現創新旅程時，相信創業成功之後的回首必然覺得是一段豐富踏實的奇幻旅程。此段旅程雖然還在規劃中的籌備階段，先預祝這群「青（清）」年拍的奇幻旅程，逐夢踏實、成果豐碩。

從「三創」到「三模」以逆轉「三偏」

一個人是否有創意，除了個性與天賦之先天因素以外，啟發式教育的培養、環境是否有空間允許其嘗試的後天因素也關係重大。創意是培養創新能力的基石，甚至可以說是日常生活中的創新練習。而將創新結合組織運作後創造出的價值超越現有企業提供的服務時，也就是創業的時機浮現之際。近年來，世界各國流行的「三創：創意、創新與創業」教育主軸，說明了在科技快速進步的環境變遷下，具高度跨領域學科整合的三創教育，將更可能為世界帶來跳脫線性發展的蛻變。

創新通常需要新的商業模式，才能大規模地運行，而此時就連結到了創業。以我國目前市值最高的企業台積電為例，一開始也是源於創新的商業模式，接下來靠內部自主研發的創意、創新的累積而建立了目前全球市占率第一的虛擬晶圓廠。

個人攻讀博士學位的研究正是國際企業進入新興市場前的資源累積及商業模式，與進入後的資源累積及商業模式，歸納重點論述為：「首先，有新市場進入機會，同時也必須經營或取用新興市場的資源，依取得資源的多寡來達到商業模式的創新程度，進一步累積在地主國的獨特資源。其次，母國市場的資源累積，可以挹注於新興市場商業模式的創新，而新市場資源累積後也可回饋至母國市場的商業模式創新或演變，這種持續累積、回饋的過程就是商業模式動態創新的精神」[1]。其所提出之平台，是針對個別企業，認為需由母國總公司與母國企業結盟，並在新興市場國家，設立子公司，與當地企業結盟。如此，母公司與子公司各自累積資源，並相互為用，形成一個動態的資源流動，並進一步創造出新的商業模式。商業模式的創新，除了源自於母國的研發創新外，在進軍新興市場後，其子公司遇到當地市場特殊的需求，如能針對此需求變更其產品，其所累積的資源，也可投入母公司，擴大原本不存在的市場，這種創新也可稱為「破壞式創新」。這種兩地資源動態流動的創新，常可衍化出商業模式的創新，其基本架構如下圖所示。

2015年起台灣業界逐漸重視印度市場，鴻海、台達電、英業達、緯創、豐泰等廠商先後宣布投資印度，預估總投資額超過60億美元，也正是逐漸看重印度市場尋求新市場資源的具體實踐，期待日後能以印度資源的回饋造就動態商業模式的創新。

到新興市場發展的企業集團公司型創業，可以依以上模式發展來滾動雙邊資源。而本書集結的青年人創業想法，則是充滿理想的印度異地原生型創業，顯得更難能可貴而值得鼓勵。「原生型創業家」是無論在何種環境都會想要創業的人，他們對於創造新的事業有一種原生的渴望，他們最容易創造

---

1 何明豐、林博文，2015年，「移地邏輯：進入新興市場的商業模式演進（The Logic of Relocation: The Evolving Business Models for Entering Emerging Markets）」，**中山管理評論**，23卷1期：91～135。

出引領時代的新 role model。本書中的五十位同學，在印度這個經商難度較高的國度，都有創業的渴望，頗具原生型創業家的特質。反觀台灣本土環境的價值觀並不夠國際化，各領域皆有偏好。學術界偏美國，多研究解決美國問題以利論文發表；產業界偏中國，偏安於同文同種的市場，省去以外語溝通的麻煩；媒體界偏天國，以往歷史上的中國常以「天國」自居，只知有己、不知有人，因而落後西方科技而積弱不振，而今台灣媒體只重複報導國內小新聞，不知國際情勢，更是青出於藍的「天國」思維。台灣青年人欲擺脫此地積習已久的偏頗「三國演義」，惟有積極培養三種模式化(modeling)能力的修練，以利遠颺於國際市場。個人認為現代國際人必備的三種模式化修練是國際化模式、商業模式及跨文化模式。

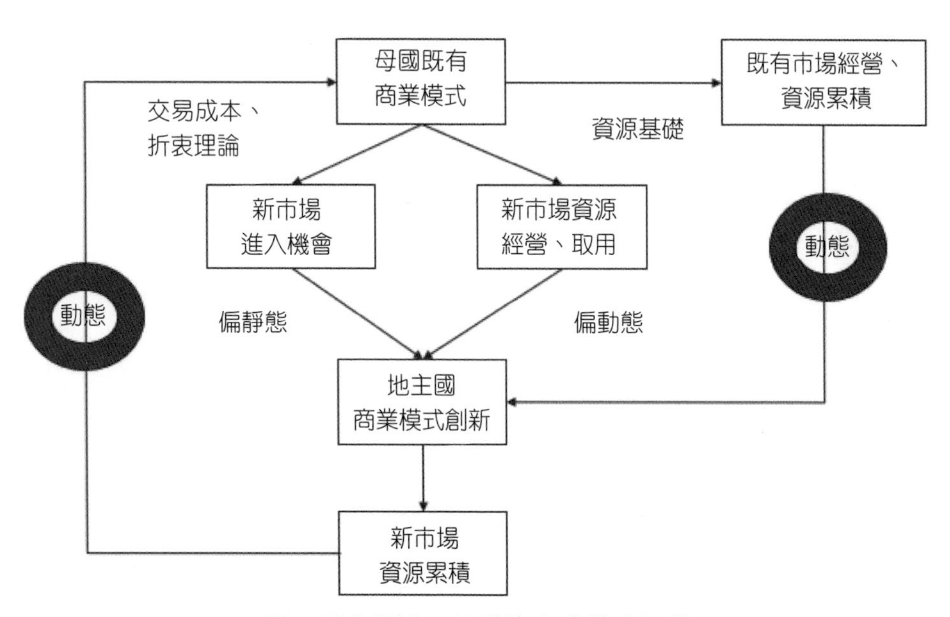

圖：新市場進入的動態商業模式架構

模式化與模組化的差別，在於模組化較偏例行性的工作的簡化與重組，而模式化較偏重與外在環境的互動之脈絡的吸收、消化與調整。本書的創業發想，就是國際化模式與商業模式的結合啟動，而內容中的印度社會、文化、種姓的種種限制之說明與對策，就是跨文化模式中異地而處的同理心思維，符合近年來創新的發起地也漸漸由已開發國家擴散到開發中國家的趨勢，這種現象被稱為「逆向創新」(Reverse Innovation)[2]。以往傳統的創新方向，是在「全球化」加「本土化」的模式下，跨國企業將創新的重點放在已開發國家，將研發成果及產品推向世界其他的開發中國家市場，再針對開發中國家當地情況對技術和產品進行調整。而「逆向創新」模式則是與此傳統創新方向相反，企業將研發重點放在如中國、印度等開發中國家，並利用其他全球的豐富資源和經驗為當地市場需求研發產品、服務和技術。而當在開發中國家創新的相關技術和產品在當地市場成熟並獲得成功後，再「逆向」行銷推廣到國際市場其他的已開發國家。跨文化模式的啟動，才能以新興市場當地的文化脈絡及累積的資訊碎片中，拼出當地消費者圖像，而更有利於國際化模式能力、商業模式能力的修練。本書的問世，個人認為是台灣社會中偏頗的「三國演義」下，青年學子修練「三模」能力的自我救贖。

翻轉教育、融入產業、穿透世界

據《彭博社》向市場經濟學家所作的調查顯示，經濟學家普遍認為印度2016年GDP成長率可望超越7%大關，取代中國成為新的世界經濟引擎。據該份調查結果顯示，2016年全球經濟成長表現最佳的前五名國家為：印度、越南、孟加拉、中國和斯里蘭卡。其中有三個國家是南亞國家，這正是台商全球佈局最弱的地方。

有句符合邏輯的名言說：「瘋狂的定義就是，不斷重複做同樣的事情，卻期待發生不同的結果。」面對全球經濟成長趨緩的「新平庸時代」，台商不應固守以往的老舊的純製造思維，而是該積極開拓以印度市場為核心、發展南亞市場並研究商業模式的創新。台灣在全球來說並不算是大的國家，資

---

2 Govindarajan, V., & Ramamurti, R. 2011. Reverse innovation, emerging markets, and global strategy. *Global Strategy Journal*, *1*（3-4）: 191-205.

源有限。

方教授開風氣之先，引導學生跨界創業商業研究，在目前分科太細、欠缺跨界創新思維的學術界普遍舒適圈中勇於突破，是翻轉教育的典範。也期望本書的集體創作是個起點，讓後續的學子也能持續創作，承先啟後、縱向連結海外市場創業資源。更期待台灣產、官、學界能以此為基礎，集中台灣有限資源、共創平台，以延續青年國際創業發展。大學提供三創教育、特定市場人才培訓，政府提供海外創業媒合平台，產業提供資金與合作機會，將可整合台灣的整體資源以翻轉教育、融入產業、穿透世界，並提升台灣產業到大市場品牌經營能力、進而推動台灣產業由純製造業升級為精緻服務業的轉型契機。

導讀（二）：從台灣「南望」印度

張棋炘
（清華大學全球處博士後研究員）

印度，一個聽起來神秘、在心理上距離遙遠、在雙方斷交後幾乎不曾出現在台灣的眼界、更何況發展程度又遠遠落後的國度，對台灣來說能有什麼重要性，讓台灣必須重視印度？如果沒能釐清這個問題，由方天賜教授帶領、清華大學一群優秀學生積極投入並創造的產出與其價值就無法被清楚地讓——至少是生長在台灣這塊土地上的——人所瞭解與接受。

不過，為什麼是選在這個時機回答這樣的問題？說來話長。

回答前述問題有著基本的困難，那就是台灣並不（想）了解印度，特別是台灣長期受到中國壓力而在政治上與國際社會產生了相當程度的疏離。也因為不了解，所以相對地也更難去思考「印度對台灣的重要性」。不管是作為政治領導人、外交官、企業人士或是學者、一般民眾，問起對印度的印象，肯定有超過一半以上的回答充滿「負能量」。最常聽到的——明顯透過媒體報導這個「稜鏡」曲射之後產出——就是批判印度的種姓制度扭曲人的價值與尊嚴，階級之間充滿歧視跟不平等；更有甚者，則是批判印度為「強暴（犯）之國」，女性飽受男性蹂躪、社會地位低落等等。然而事實是這樣的嗎？

作為一個國際關係的觀察者，來來回回訪問過印度四次，我所處的工作環境（清華大學）也恰好有著全台灣為數最多的印度學生，我有幸能夠近距離地觀察印度（人），也藉此深刻瞭解實際情況跟上述批評其實有著相當大的差距。我能夠體會種姓制度帶來的階級差異，卻又同時深刻感受印度社會所存在那種難以筆墨形容、卻實際存在於人與人之間的和諧；我理解女性在印度社會中確實無法完全與男性相比，可是卻也看到許多女性在各個領域當中表現傑出、創造無數傲人成就，甚至擔任高階領導人；最起碼，我並沒有看到滿坑滿谷強暴犯。不能否認，印度發展程度的確無法和台灣、中國大陸、甚至已開發國家相比，但這裡的人民普遍友善。即使存在著種姓制度，同時無法避免地、日復一日地發生種種不幸的事件；但，我們可能得退一萬步想，在一個整體而言發展程度不算高、又有著超過12億人口的地方，我們怎能抱持不切實際的想像，認為印度一定要表現得跟台灣一樣，基礎建設發達、人民守法、治安良好、少有歧視族群情事（更何況實際上的台灣是不是如此，也有待仔細檢驗）？

先否定既有的偏見，才能從更高、更全面的角度來思考印度的重要性。我們或許應該從「相互建構」的角度切入，方有機會在紛擾雜沓又充滿歧異的各種資訊當中找到答案。呼應這篇文章的標題，印度最起碼有三大：

第一、印度的「機會」大

台灣地狹人稠，內需市場規模小、也缺乏天然資源，在這種先天環境條件限制下，台灣不得不透過對外貿易來鞏固本身的經濟、確保生存。根據經濟部所公佈數據顯示，截至2015年7月為止，台灣對外貿易依存度已經高達111%，顯示台灣高度倚賴對外貿易。然而檢視出口貿易的比例，我們卻可以發現，其中超過39%是輸往中國（涵蓋香港）。換言之，在極度倚賴對外貿易的情況下，我們還相當倚賴海峽對岸的中國。但諷刺的是，兩岸政治體制並不相同，在政治或軍事上仍處於分裂與敵對。

台灣若倚賴對外貿易，從邏輯或事實的角度來看，台灣當然應該嘗試以更多元的方式、更開放的心態在不同的市場進行投資以分散風險，從而壯大自己的經濟，而不是受「路徑依賴」(path dependence)所箝制，只走熟悉的路，把最重要的「雞蛋」（既包括「資源」，也包括「求生存的機會」）習慣性放在同一個籃子裡。換言之，不管你是一般的市民、企業的總裁，還是國家的領導人，即便無法預知投資可能帶來什麼樣的結果，但基於「分散風險」這一最保守、最基礎的策略，勢必得嘗試打散發展過程所衍生的風險

——即便無法平均分散——到各個不同的地方（區域或國家）。印度，一個擁有12億以上人口、300餘萬平方公里土地的大國，當然就成為台灣分散風險的「機會之地」(land of opportunities)。機會之地並不意謂沒有風險，但只要願意投入成本，一旦風險分散之後，隨著時間的拉長，日後的收益自然會更加明顯。

第二、印度的「市場」大

台灣的高等教育機構高達160餘所，培養出來的人才多不勝數。以華語教學這個領域來看，至少有15個華語教學相關系所，30個以上華語教學中心，每年培養出來的華語教學人才至少220位（最保守估計），從1985年起算到現在，至少培養出6,600位華語教師。然而台灣的教學市場規模並沒有因為高等教育機構廣設而擴大，這就產生了相當程度的問題。但哪裡才能夠吸納這些教師？答案就是擁有廣大人口、也有學習華語需求的國家。這種國家顯然非印度莫屬。

再以中小企業為例，台灣過去數十年的經濟發展，數量龐大、分散在各個重要領域的中小企業可以說是最重要的發動引擎，也幫助台灣締造經濟奇蹟。根據經濟部中小企業處統計，截至2014年為止，台灣的中小企業已經高達138萬家，容納就業人口接近870萬人，貢獻了將近15兆出口額，佔全部企業總出口的15%，突顯出中小企業在經濟發展過程當中的重要性。[3]中小企業或許規模無法跟大企業相比，但其對技術的掌握以及對市場變動的敏感度高，採取因應策略時也比大企業來得靈活。若能夠利用政府政策適度引領與指導，將中小企業的能量（包括技術以及經營管理策略等）更有系統引導中小企業向那些有類類似體質（以中小企業為主）的國家——例如印度——去發展，有可能一方面讓中小企業可以因此獲得更大市場與利潤，同時也有可

3 經濟部中小企業處，〈103年中小企業重要統計表〉，2016年6月1日。<http://www.moeasmea.gov.tw/ct.asp?xItem=12788&ctNode=689&mp=1>

能藉此引領當地國進行產業轉型與經濟繁榮。

第三、印度的「胃口」大

在邁向成為真正大國之前，印度其實什麼都需要！印度整體發展程度當然還不能和台灣相比，然而從90年代以後一直持續到現在的持續轉向、與區域及國際之間更密切的互動中，印度正緩步、但積極地邁開大步追求改變。例如印度正推動「向東行動」(Act East Policy)，冀圖與東南亞、東北亞國家有更密切的經貿及戰略互動；印度正全力推動「印度製造」(Made in India)，希望引進外資，大力扶植印度的製造業，以利用其人口紅利，帶動另一波經濟成長等等。

再從另外一個角度思考，凡事都有一體兩面。舉例來說，印度或許基礎建設不足，但這不正意謂那些能夠打造基礎建設的企業有利可圖？印度或許沒有公廁，隨地便溺的情況普遍，但這不正意謂著廁所相關設施製造商有很大的機會搶食商機？印度固然法規繁複、人為貪汙腐化情況所在多有，但哪一個「機會之地」在展開「機會（光明）」那一面於世人眼前時能夠不被注意到背後的「風險（黑暗）面」？在當全世界都普遍正視印度的經濟崛起、以及其重要性時，作為全球經濟生產鏈其中一個環節的台灣，又怎麼能夠無視或輕視印度？更何況印度還可能是少數幾個能夠不懼中國壓力、願意給予台灣相當機會的國家？

也因此，這一本著作不僅是一群優秀清大學生腦力激盪的結果，其實也適時地提供了一個重新審視印度重要性的機會。這本書以每個人都想當老闆作為切入點，從一開始就帶領讀者跳脫框架。在台灣也的確有不少人決定放下身段進行創業，這並不算是新鮮的夢；但，如果是將這樣的夢拿到印度實現，那肯定會出現全然不同的景象。在方天賜教授帶領跨過認識印度的門檻後，學生也得到何明豐博士協助，介紹企業的建立與經營、行銷等等訣竅，最後將各種創新的想法投注到「如果在印度做……」這樣的公式裡面，並最終衍生出「竹子加工社會企業」、「竹炭運用的黑鑽石傳說」、「污染環境下的口罩商機」、「台灣茶、木瓜牛奶、夜市小吃商機」，當然還有更奇幻的「卡拉 OK 印度版」，以及有助台灣華語教學人才輸出的「『華』進印度」規劃。讀者或許會懷疑，學生們難道都去過印度？難道都瞭解印度市場以及相關經營風險？其實，就算答案絕大多數都是否定的，但就如亞歷山大大帝(Alexander the Great)所說，「對於肯試的人，沒有什麼事情是不可能的」。前進印度，不應該像是縱身跳入火山口，更何況印度的實際情況並不像被許多人或媒體扭曲之後的那樣。台灣如果有能力，而印度又的確有需求，不管是產業還是技術或人才的輸出，絕對都有可能在印度這塊機會之地找到自己的立足點，甚至再從印度發揚光大到全世界！

我想像讀者一定進行過國內或國外旅遊，我個人的經驗是：要想適應一個陌生環境，並且真正地開心地旅遊，那麼前提就是得做一些基本功課，蒐集風土民情、重要景點以及好吃、好玩的相關資訊，並在實際出遊過程中，讓自己的心態恢復成「一張白紙」，盡可能地把填入所見、所聞，當然對了維護自己的安全，依然得時刻謹慎，不做出魯莽、輕率的行為。這樣的旅遊最終勢必收穫滿滿。印度，其實也是一個這樣的目標「景點」，讓「印度」進入我們眼界、深入我們的腦海，到印度闖蕩，當個自己人生的「大老闆」！

導讀（三）：讓台灣風吹進印度

董玉莉
（印度尼赫魯大學博士候選人、中原大學兼任講師）

近年印度崛起吸引了國際社會的目光，印度瑜珈、寶萊塢電影、咖哩等等傳統文化元素也漸漸出現在台灣社會中。然而，我過去住在印度的六年經驗，每當提起「I am from Taiwan.」，就曾多次得到被誤認為來自泰國的回覆「I know, Thailand」。當我再進一步描述台灣時，多數印度人也只是沉默地以印式搖頭作為尷尬的回應。雖然台灣政府已大力促進台印合作，但對印度市井小民的影響力仍有限。

但當我讀完五十位清華大學學生擬定前進印度的可能商機，不禁要給予參與學生熱烈的掌聲。雖然主編在序中也提到這些計畫並非成熟到可立即去執行，但同學們多未到訪過印度，也對印度不甚瞭解，就憑著一股毅力與探究精神，透過跟印度人的訪談與網路資訊，先了解台灣與印度有什麼與缺什麼，也同時增強產品包裝、資本與行銷等等概念，並擬定短中長計畫以建立自我品牌市場。在本書中，同學們跳脫教科書框架的跨領域學習歷程，展現年輕世代對台灣的了解與對印度市場的期待，非常值得肯定。現正逢台灣當局著力新南向政策之際，透過民間市場的交流，也許更能推動台灣融入印度人民的生活中。

在「Amazing Bamboo——印度竹以驚艷」與「黑鑽石傳說——印度竹炭奇蹟」兩篇文章中，皆是以台灣的竹加工技術、運用印度當地的豐富竹資源而互惠的商機產品。前者是透過台灣的竹藝技術、結合設計師的創意並融入印度傳統元素，打造極富印度文化特色的竹藝製品。這不僅具原創性，也具收藏價值。這對本身就是個藝術生產國的印度來說，無疑是投其所好。印度的工藝品常強調手工製作，舉凡木雕、石雕、彩繪等等都是精工細刻的獨創佳作，也是印度家庭常收藏的裝飾物品。在以木頭與石材居多的印度市場中，竹藝品更顯特別，再加上客製化的服務，更是完全迎合印度人重獨特性與喜歡玩創意的胃口，相信定能吸引印度人相當的目光與青睞。另一項可前進印度的竹炭產品，特別是淨化水質與清淨空氣的功效實在是當前印度環境所迫切需要的。印度的水質問題一直以來都是印度當地與國際所關注的問題。印度許多地區因供水不易而抽取地下水供民生使用，而地下水普遍品質都不佳。若能運用竹炭可吸附異味，改善水質的特性，或許可以降低因水質不良而生病、甚至死亡的人數。

除了水質，印度的空氣汙染也日趨嚴重，然而多數印度人都缺乏空氣污染會影響健康的觀念。「台灣罩得住——口罩工業前進印度」提供人人買得起的平民價格以推廣口罩的功能，進而降低空氣污染對印度人身體的傷害。除了過濾髒空氣，也能躲避印度夏天裡腐食敗果旁的蒼蠅，尤其在傳統市集更是如此。記得旅居印度時，常聽到一則關於印度市場魚攤上的笑話，「遠看像黑鯧，近看變白鯧」。原來是白鯧魚上面停滿蒼蠅，遠看被誤以為是黑鯧魚。這則笑話雖是戲謔，卻也反映印度傳統市場內的部分場景，可見頻繁進出市場的印度婦女更是需要口罩。將竹炭與口罩帶進印度，不僅是衛教的推廣，更能改善印度人的環境風險，這已超脫單純的商業利益範疇，值得讚許。

在文創產業中的「華進印度——印度華語教學市場」一文中，顯示同學們對台灣與印度之間的脈動有相當的關注。華語教學確實是台灣近年來大力投資在印度的軟實力。筆者旅印期間，也曾獲攬至印度國立英蒂拉甘地空中大學(The Indira Gandhi National Open University)教授華語。有學生表示，因為聽聞是由以中文為母語的台灣老師負責授課，才願意每次花來回四個小時的車程前來上課。這表示印度確實有華語教學的需求，但卻無道地的華語師資。將台灣的華語教學引進印度已有先例，而且成果豐碩。印度有極大的市場，仍需更多的華語師資進駐當地。另一篇「印度好聲音——這是karaKTV」，結合卡拉OK與KTV的開放式的娛樂設計，完全貼近印度人愛唱歌與熱衷表演的需求。憶起居住在印度的日子，家裡常常傳來女傭、司機與守衛哼唱的聲音，他們有時也會手舞足蹈一番。印度人這樣愛好歌舞的特性也反映在印度寶萊塢電影中，每部電影總要唱跳一番才算一部完整的印度式電影。若此項娛樂進軍印度，勢必會重現台灣當年相約去K歌的熱潮。

民以食為天，要抓住印度人的心，就要先抓住他們的胃。不分季節與場合，印度人隨時隨地都愛來上一杯茶。「TwIn's——台式茶坊在印度」即抓住印度人流傳已久的飲茶習慣，引進台式茶飲，並配合當地的習慣，提供客製化的容量與甜度選擇，以適應印度人偏愛低容量與高甜度的飲茶文化。台印飲茶的結合也反應在其店名「TwIn's Tea」上，中文店名則取中文諧音為「天賜茶坊」，正和主編的名字不謀而合，無異是同學們的巧思，不覺莞爾。另一項台灣盛行的飲品木瓜牛奶，企圖結合台灣農友引至印度栽植的木瓜與印度當地盛產的牛奶，並引用印度教神話將之巧妙地包裝成「雪山女神之愛」，這無疑是攻占印度教民的心的好策略。同學們提出的「在木瓜牛奶中加入Masala（即香料）是否會引起印度人的興趣？」這確實是個有趣的話題。印度人偏愛食用香料，且每戶人家都會自行調配各自喜歡的味道，將其磨成粉末並加入飯菜、湯品、糕點、零食、甚至茶等飲品中。這讓人非常期待台式木瓜牛奶與印式香料碰撞後會激起甚麼樣的火花。

「When Phoenix Meets Garude——台灣窯烤鳳梨酥」、「早安晨之美——台式早餐」與「雞腸轆轆——台灣夜市小吃」則企圖將台灣風行的食品，配合印度當地的飲食習慣與口味以攻佔印度人的胃。甜點確實是印度人難以抗拒的毒藥，他們無糖不歡，卻也因攝取過多糖份而影響健康。蘊含酸甜滋味的鳳梨酥採用印度當地的原料，貼心地為印度佔有不少比例的素食與回教人口提供不添加蛋與豬油的選擇，再加上台灣純熟的窯烤技術，這款甜點的確有極大的可能與印度傳統甜食分庭抗禮。台灣與印度的早晨皆是以忙碌揭開一日的序幕，即使沒辦法在家吃完早餐再出門，台灣滿街都有可帶著走的多元化早餐，而印度街上的早餐選擇性卻很少。印度早晨的街邊最常看見一群人圍在餐車旁吃著土司夾蛋、餅、飯等，再配上奶茶。他們運用在早餐內的食材較少，變化也有限。反觀台式早餐，能提供印度人習慣的早餐並加料變化，如土司不只夾蛋、餅也能有蔥油餅或蛋餅的選擇、飯也能包料成飯糰等等。台灣夜市小吃所計畫輸出至印度的雞排，是有可能搶占市場的，這從印度當地常常都是人潮熱絡的肯德基速食店可窺見一班。滷味則是顛覆印度傳統烹調的方式，可望引起印度人嘗鮮的好奇。這些計畫攻佔印度市場的食品，都提供更多的選擇與變化，再加上搭配印度人喜愛的香料、甜度與鹹辣，更易引起印度人味蕾上的共鳴。

讀完本書，內心頗覺振奮且衍生更多的野心。若是台灣商品能在印度市場中普遍流動並造成口碑，那麼被誤認為來自泰國的窘境將不會再發生。多數國人對印度仍抱持輕忽的態度，但台灣與印度生活文化上的反差存在實則帶來巨大的商機。希望這本書能引起更多的迴響與關注，將台灣風吹向印度，讓台灣品牌鮮活跳躍在印度市場中。期待再次造訪印度時，能看到更多的「Made in Taiwan」。

前進印度當老闆
50位清華大學生的「新南向政策」

【目　次】

第二單元：文創產業

第三單元：特調茶飲

第四單元：食尚玩家

第一單元：商機產品

Amazing Bamboo——印度「竹」以驚豔

江玉敏、張瑋城、陳霆恩、江昀軒、吳育瑞

目前印度常見的社會問題有：貧富差距、婦女地位及農民自殺率高，除了創造金錢從高到低的流動，來縮小階級間與貧富差距之外，印度婦女地位低落、觀念落後而導致的高性侵率，若能透過家庭代工的方式來善用印度大量閒置的婦女勞力，此一過程不只讓她們擁有經濟能力提升社會地位外，也能在技術傳授的過程中藉此灌輸兩性平等的觀念。除此之外農民的高自殺率主要是沒有替代性收入，一旦遇到氣候不佳、農作歉收的情況，若能提供額外的就業機會，或許有助改善此一問題。為了達成上述種種目的，家庭代工的模式將會是這些問題的解方。

有感於近年來台灣與世界各地因為貧富差距的逐漸擴大，而造成的階級對立，我們希望能夠創造一種模式來達成金錢從高到低的流動，使階級間的差距縮小，為了讓我們帶來的正面效應增加影響的人數與範圍，所以需要將目光著眼於高價、精緻的產品。至於產品類型則是首先考量資源的數量與成本，才決定以竹製的工藝品為主打，希望能透過強調手工、典雅與生活美學打入高階市場，成功的創造財富流動。除了一般的營利之外，更期許能成為造福社會大眾、懂得回饋社會、和這個社會一起面對問題的國際企業，為了達成這份宗旨並解決前述的問題，我們也設定了公司短、中、長期的目標與回饋計畫，也希望這是個永續的社會企業，期待他能隨著社會的變遷，力所能及的為這個社會帶來一點溫度。

我們的產品主打生活美學與優雅時尚，主要分成兩類，第一大類是偏藝術類，主要採用團隊設計師得獎作品或其他融合當地元素且具設計感之竹工藝品，第二大類主要是採高階價格用戶訂製，這類銷售管道主要為網站與企業或公部門之送禮禮品，我們的設計師將會與客戶充分溝通並談妥各種契約與收費標準，讓3D繪圖師將設計師的構想在著手製作之前與客戶充分確認，客戶的每一個要求與感受都是我們重視的。

當我們成長到一定規模時，可能會另外創立子公司，這間子公司主要的任務就是更多竹工藝的實用品，諸如：手機殼、名片架、檯燈……，創造有別於高階市場的另一個新天地，讓更多中間階層的人能夠成為我們的客戶，創造更多的利潤與降低風險。

圖：印度理工學院內的竹子栽培場（方天賜提供）

在TED上曾經有人提出黃金圈(Golden Circle)的概念，簡單來說，黃金圈強調出了人們談論事情時，真正容易感動人心的談法。大多時候，我們看見市面上的廣告或商品論述強調了一家公司的產品是什麼(What)、如何製造(How)，卻沒有好好強調產品為何存在的價值(Why)。然而真正成功的好品牌正好相反，Apple、Starbucks 強調品牌給人的「感受」與「定位」，讓人們相信它們要傳達的價值，才是品牌真正成功的內涵。人們在談論品牌時，如果能從Why開始，由內向外談，才是真正感動人心的談法。

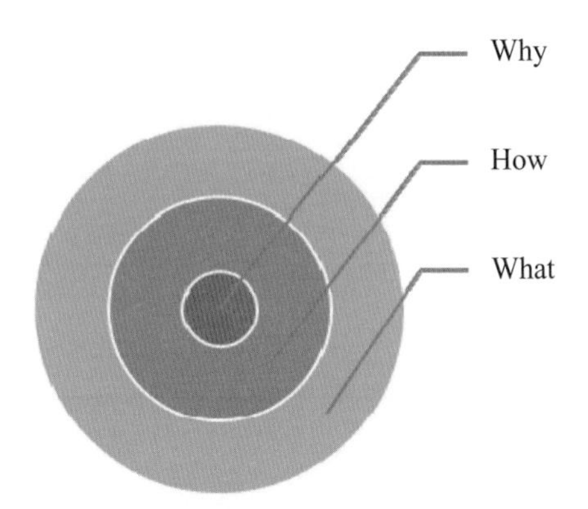

圖：打進人心的黃金同心圓

雖然竹子具有環保價值，以及多樣的歷史訊息，但我們必須根據主打市場的差異，而強調不同訊息。在印度，基於我們想要主打的高階市場，「環保」可能不會是好的特點，甚至還可能成為錯誤的簡陋印象的來源。此外，社會企業的形象，在印度社會也不會被強調。我們擔心社會企業的形象會模糊掉產品競爭力。

建立品牌形象	・市場區隔行銷 ・故事行銷
提升品牌知名度	・新聞稿 ・DM ・話題行銷
加強品牌認同度	・體驗式行銷 ・名人代言 ・社群關係行銷
促進品牌聯想	・飢渴行銷 ・優惠行銷 ・媒體廣告行銷
固守品牌忠誠度	・建立口碑 ・討論版行銷

圖：品牌定位分析

台灣近年來在許多設計大賽中往往表現出色，展現台灣確實有設計的軟實力。然而，台灣的就業環境中，卻呈現設計師供過於求的窘境，也使得台灣設計師的薪資低落，或者是明明學習設計，最後卻只能擔任美工的情形（學用落差）。有鑑於此，提供台灣設計師到國外發展的就業管道，不失為一個好機會。我們也有信心可以找到膽大心細、具有深厚人文素養的好設計師，陪伴我們成為創業搭檔。換言之，有了好的人才，核心的設計實力便有把握，競爭力也隨之提升。

此外，竹工藝品既然乘載印度的文化、以及「Make in India」的責任，就必須包納印度的傳統信仰、傳奇故事，打造出一番不同於中華文化的竹工藝形象。無論在產品形象設計、花紋刻釋、廣告企劃，都將緊扣著印度元素，這在目前的市場上將是令人驚豔的創舉。台灣的設計人才，搭配印度的設計元素，將成為品牌經營的核心能力。

發展策略

以時間進程的遠近分成短、中、長三個時期，每個時期皆有不同的主要目標與策略。

短期：希望能在兩年內，至多三年，達到一些目標，這些目標包含與阿薩姆地區部落居民有默契且彼此熟悉、讓我們有最基本最基礎的穩定客群，並且能夠提供穩定的供貨模式及整個生產鏈、利用結合阿薩姆地區的信仰與特色結合而成的品牌故事，進而延伸出活動推廣打出品牌知名度的同時也希望能夠讓人想到阿薩姆就立即連結到此特色，雖然此一時期無法立即創造營收，但為未來打下根基實為不可或缺的步驟。

在地扎根：首先找到一至二名熟悉此部落之中間階層的員工，並與當地部落長老們接觸，更進一步了解當地的需求、文化及習俗，也讓當地了解我們的需求，如此一來彼此更熟悉更有默契，以利於我們思考更適合的合作模式，除此之外還能增加員工忠誠度，讓我們在未來產品需求量更大的時候仍然能維持高品質的出貨水準。

穩定模式：在一個健全的產業模式裡，從原料端到商品甚至到商品送達客戶手中之後的後續服務都是至關重要的，在最一開始的階段除了把我們的預設的模式融入當地文化之後，還需要更熟練，從而去分析各種可能造成此一模式運作不順利的各種因素，再針對這些因素改善或排除。

活動推廣：學習台灣近年來的在各個城市利用活動或各種文化節打出知名度的方式（例：宜蘭童玩節、墾丁春吶……等等），融合在地特色與傳說和我們的品牌故事，打造一個只屬於阿薩姆邦的特殊活動，讓這個活動、阿薩姆、我們的品牌能夠在人的思緒中創造直接的連結，也藉此更能打出屬於我們品牌的知名度。

中期策略：時間希望在三至五年內完成此一目標，此階段目標乃基於前一階段的成果，更進一步的將我們的品牌及代表的生活美學、社會企業等概念，投入更多人的腦中，讓我們除了打出知名度外還能利用售後服務來創造品牌忠誠度，而使市場穩定的擴大，市場擴大的另一要件是創造市場，我們要創造、推廣生活美學的需求，且除了利用通路銷售商之外還能前往特定城市開設直營店或旗艦店，此一時期可以利用多餘的資金著眼於國際型的大都市甚至是周邊第二大城市，並前往探勘採集更多資訊及準備資料，為下一個時期打下牢牢的基礎。

打出品牌：就前一階段的品牌成果而言，我們無法滿足，除了讓阿薩姆邦附近的邦知道我們之外，我們必須更努力的讓我們的品牌名聲在整個印度被討論被喜愛，此一階段我們需要更密切地與當地廣告商乃至於政府公務部門合作。

進入國內高階市場：利用獨特性、限量性的飢餓行銷來打入高階市場，成為高階客戶中品味、生活美學的象徵，創造更廣泛的高階客群，並且利用此一收入逐步提高底下勞工的薪資及擴大勞工的雇用人數，達到更完善的回饋在財富流動與社會企業的初衷上。

深入生活：成為高階客群中口中討論、比較的階段之後，讓大家進一步慢慢的習慣我們的商品，讓竹製精緻工藝品深入生活，讓不管是裝飾品還是實用品都能成為高階客戶生活中習慣的商品，讓市場趨於穩定，並持續發想能夠創造市場需求的新設計、新點子。

探索國外據點：國內市場穩定之後，我們並不會回頭擴張中間階層的客群，我們會往國際發展，首先在進入下一個國際發展的階段之前，我們必須做足功課，列舉各項國外考察重點並將之付諸實踐，之後根據考察成果與資料蒐集來評估此一城市的可能性，以及我們需要為這個城市做出基於原則的小變化。

長期策略：時間希望在十年內達成，並在十年後持續穩定地成長，因為我們的目標並不是短期事業，而是讓我們的品牌成為國際企業之後在未來穩定持續的發展。

開發國際據點：根據選定的城市，本於我們的初衷與原則，依據當地文化來讓我們的商品更具有當地特色。

成為國際品牌：讓我們自己的品牌立足在目前各個知名的國際品牌之一。

SWOT與3K3C（短中長）分析

Strength 優勢：

行銷：台灣的行銷策略和品牌經營有一定的水準，可以幫助他們的在地工藝品打出知名度，做一個有制度、有短期中期甚至長遠計畫的策略行銷。

家庭代工模式：台灣早期的家庭代工經驗能夠提供我們運作上的雛形。搭配她們相對低廉的人力成本，能夠增加我們的利潤。

Weakness 劣勢

克服階級障礙：對於管理低階的家庭代工者，以及如何說服高階消費者購買，因為文化、價值上的差異，需要透過雇用當地中階層的人，做一個承上啟下的承接作業。

竹子的來源及運輸：阿薩姆的地形，不容易開發竹林，而物流也需要克服交通上面的問題。

Opportunity 機會

資源取得容易：在當地不論是人力資源或是自然資源都相當容易取得，其中主要的自然資源是竹子，在阿薩姆地區竹子隨處可見，且當地可作為人力資源的婦女的具備足夠的時間與勞動力且薪資低廉。

圖：撿拾樹枝當柴火的印度婦女

政府政策上的包容性：對於願意促進地方發展的投資者，政府都不會阻擋，反而還會願意支持。

Threat 威脅

竹子物流的掌握：在我們將竹子分配給當地家庭做代工後，容易遇到其他工廠已相對高價收購竹子的行為。對有規模的工廠來說，收購竹子比開發一片竹來要有利潤。

盜版問題：堅持自身的品質，鎖定高階的消費者。產品有相對的水準，客戶自然會認定我們的品牌，不會輕易購買盜版商品。

表：SWOT分析表

	Helpful	Harmful
Internal	**Strength 優勢** 行銷 家庭代工模式	**Weakness 劣勢** 克服階級障礙 竹子的來源與運輸
External	**Opportunity 機會** 政府政策 資源取得容易	**Threat 威脅** 竹子物流的掌握 盜版問題

短期(3K3C)分析：在地扎根、穩定模式、活動推廣

Key Partner

印度政府：配合當地政府的政策，掌握政府的需求，順利進入當地市場。

加工婦女：希望能促進階級流動，透過合理的薪資，訓練閒置的婦女人力。

Key Activities

特色節慶：阿薩姆的偶數年，有一個非常有名的傳統藝術節慶：EXPO。每一個不同的本土部落都會展出及銷售他們傳統的工藝品，有很多的觀光客都會參與然後消費。所以我們可以參與這個節慶，進而打出我們品牌的知名度，結合當地的部落傳統，做出有品質又結合傳統工藝特色的藝術品。

Value Proposition

精緻的竹子工藝品：短期先專注於品質建立，生產精緻的竹製品，調查主流消費市場，先迎合大部分中高階層品味打出知名度。

Customer Relationship

強調在地文化特色：讓顧客接觸阿薩姆當地部落的圖騰設計藝術，此特殊性是鞏固客源的利器。

Customer Segments

中上階層：在短期內，在中上階層打出名號，價格略高但仍顧及大部分中高級消費客群。

Key Resources

竹林：開闢竹林，作為工藝品原料來源。

設計師：聘用台灣當地的設計師，以及至少一位阿薩姆當地的設計師致力於傳統文化的文化工作者，設計出融入當地特色的工藝品。

商標：設計出融合品牌價值的商標。

Channels

進駐mall專櫃：維持高級的品質，透過與當地mall合作，談妥抽成的比例，在印度的一般消費市場中，搶佔一席之地。

網路行銷媒介：網路廣告是打出市場的第一步，網路世界傳播快速。短期內致力於打響知名度，於是透過跟網路廣告公司合作。

表：短期3K3C圖

<table>
<tr><td rowspan="2">Key Partner
印度政府
中產階級
加工婦女</td><td>Key Activities
特色節慶
國際設計競賽
參加國際展覽</td><td rowspan="2">Value Proposition
設計感
精緻竹工藝品</td><td>Customer Relationship
強調在地文化特色</td><td rowspan="2">Customer Segments
中上階層</td></tr>
<tr><td>Key Resources
設計師
竹林
商標</td><td>Channels
百貨專櫃
網路媒介</td></tr>
<tr><td colspan="2">Cost Structure
人事成本
宣傳行銷成本
製造成本
業務成本</td><td colspan="3">Revenue Structure
百貨人潮
觀光客
收藏家</td></tr>
</table>

Cost Structure

人事成本：除了家庭代工的婦女之外，還有一大重點，我們需要中階層的仲介人員，以串聯高低階層的消費者與生產者。

製造成本：開發竹林、生產路線。

業務成本：與合作的通路簽署的簽約金。

宣傳行銷成本：宣傳與行銷非常重要，除了在前期打出良好的形象外也能創造曝光率與市場，但這也是前期入不敷出的主要原因。

Revenue Structure

百貨人潮：鎖定合作通路mall中的大量消費人潮。

觀光客：不管是因節慶而來的國內旅客或國際觀光客。

藝術收藏家：在知名的設計比賽與展覽中吸引藝術收藏家的眼光。

圖：印度大型商場（方天賜提供）

中期(3K3C)分析

打出品牌、進入國內高階市場、深入生活、探索國外據點

Key Partner

印度政府：在拓展專櫃門市方面，期許擁有更多空間。

印度當地台商：打出知名度之後，尋求當地台商的協助，把產品推向更高的品質，以及知名度。並試圖納入更多的資金。

百貨公司：將產品定位成精品，進駐當地大型百貨公司櫃位。

Key Activities

飢渴行銷：產品具有獨特性，採用限量編號，商標雇用當地有技術的婦女工雕刻，創造商品獨特性。

Value Proposition

註冊商標：擁有主要客群，且大部分群眾已經認得此竹製品公司的商標。

手工雕刻：商標開始採用手工雕刻、擁有獨特性且更具有人情味。

Customer Relationship

品牌忠誠度：已經培養出熟悉的顧客群，逐漸形塑品牌是品味的象徵，某方面也透露收藏者的社會地位。

Customer Segments

金字塔頂端的消費族群：增加產品類型，推廣至更大型的家具和家庭擺飾，鎖定高端的消費收藏者，銷售具有獨特性、收藏價值的產品。

Key Resources

獨特廣告：配合品牌裡商品的定位，拍攝具有獨特意向性的廣告，在主流媒體播放，形塑特定的品牌意象。

表：中期3K3C圖表

<table>
<tr><td rowspan="2">Key Partner
印度政府
印度當地台商
百貨公司</td><td>Key Activities
飢渴行銷</td><td rowspan="2">Value Proposition
註冊商標
手工雕刻</td><td>Customer Relationship
品牌忠誠度
手工雕刻</td><td rowspan="2">Customer Segments
金字塔頂端的消費族群</td></tr>
<tr><td>Key Resources
獨特廣告</td><td>Channels
開設精品門市
拓展百貨公司櫃位</td></tr>
<tr><td colspan="3">Cost Structure
人事成本
宣傳行銷成本
製造成本
業務成本</td><td colspan="2">Revenue Structure
指標性伴手禮</td></tr>
</table>

Channels

開設精品門市：在印度主要城市開設精品直營店，並在三大城市開設旗艦店。

拓展百貨公司櫃位：增加在不同百貨公司的專櫃數，並爭取坪數，用來設置展示區與主題示範區。

Cost Structure

行銷成本：向百貨業者推廣，期望能進駐大型百貨公司櫃位。廣告文案，透過人才，以令人耳目一新的網路行銷手法推廣產品。

Revenue Structure

指標性伴手禮：和特定伴手禮通路合作，成為阿薩姆當地具代表性的伴手禮。

長期(3K3C)分析：開發國際據點、成為國際品牌

Key Partner

室內設計師：與高端設計公司的設計師合作，鎖定豪宅內的擺飾。

國際通路：行銷手段上面和其他國際大品牌推出聯名商品。

Key Activities

一年一度的大型發表會：不但舉辦發表會發布新的一年的新展品，也舉辦展覽，提供貴賓先行選擇、消費的機會。

Value Proposition

商標的附加意義：在打入國際市場之後，得以加入一些社會企業的涵義。提供原本不具價值的竹林、長期被壓榨的婦女勞工，一個流轉的機會。從此品牌代表的是藝術價值，人格、道德上奉獻精神。

表：長期3K3C圖表

<table>
<tr><td colspan="2" rowspan="2">Key Partner
室內設計師
國際通路</td><td colspan="2">Key Activities
一年一度的大型發表會</td><td colspan="2" rowspan="2">Value Proposition
商標的附加意義</td><td colspan="2">Customer Relationship
品牌忠誠度
企業理念</td><td colspan="2" rowspan="2">Customer Segments
高端國際市場</td></tr>
<tr><td colspan="2">Key Resources
設計師
時尚意義</td><td colspan="2">Channels
官方網站
國際門市</td></tr>
<tr><td colspan="5">Cost Structure
國際運輸成本
掌控物流品質管理</td><td colspan="5">Revenue Structure
國際訂單</td></tr>
</table>

Customer Relationship

企業理念：宣導我們促進階級流動的社會企業理念，讓國際的高端消費者在消費的同時，也意識到自己為打破社會階級盡一份心力。擁有我們的產品，便是關心印度的階級差距，也有助於促進社會流動。

品牌忠誠度：透過良好的售後服務並與客戶建立良好關係，來穩固品牌忠誠度。

Customer Segments

高端國際市場：接受來自世界各地的訂單。對於特殊的VIP客戶，提供能夠客製化的設計服務，打造獨一無二的產品。

Key Resources

打進時尚圈，藉由一年一度大會的展示活動，形成所有VIP客戶一年中最關注的盛事，持續打造獨特的產品，讓老顧客每一年都有想要消費的動機。

Channels

官方網站：自己獨有的官方網站，網羅世界各地的訂單。

國際門市：根據探索國外據點的報告來研究在哪些城市設置國際門市。

Cost Structure

國際運輸成本：克服國際銷售市場的運輸成本。

掌控品質物流管理：銷售市場擴大以後，必須建立SOP的生產運輸流程。

Revenue Structure

國際訂單：與官方網站和客服人員充分配合，來接納吸引各地更多的國際訂單。

我們運用台灣的設計師的主要原因，台灣的竹工藝設計技術已經成為國際上不可忽視的焦點，在台灣有兩個設計師帶領台灣的工藝品進軍世界，那就是林桓民和林文柄，他們以現代設計展現竹藝品的美麗，每年開發大約四到五件竹子工藝生活用品到國際參展，可見得他們對竹藝品的用心，在眾多的作品當中，「弓——衣架」以及「Bendboo」是他們覺得最特別的作品，這兩樣作品甚至還得到了新一代設計展產品設計類銀獎及兩座特別獎，對他們來說是好的開始，也是讓它們持續做下去的動力。他們並不侷限在國內，他們參加了東京國際禮品展、義大利米蘭傢俱展與德國DMY柏林青年設計展等國際設計展，因為如此他們成為國際媒體之間的焦點，相信印度媒體一定也對台灣的設計師耳有所聞。但是，他們不因為如此而懈怠或驕傲，反而對於在媒體上的發表會更是戰戰兢兢的準備簡報和實體的作品，由此看出他們做事態度一向誠懇踏實，讓我們能夠更能信任在台灣的設計師。

自創品牌是創業的必經之路，唯有自創品牌並為自己的品牌創造屬於自己的品牌故事，才能夠讓客戶在眾多的工藝品商家中看見你。但是自創品牌不容易，對初期創業的他們來說畢竟只是理想，成立品牌這件事只能長期計議。

生產鏈說明

竹子的部分需要雇用具備勞動力的低階男性，請他們幫我們進竹林蒐集整根整根的竹子，也需要聘請一位卡車司機將原料運至公司集散地，根據設計師的藍圖預先將竹子處理成塊材，將這些塊材交給已經受過培訓的當地婦女並充分說明並設定好時間流程，若中間有任何疑問與困難能直接連絡公司，一起解決，拿到半成品之後送至設計師工作團隊做最後的修改與潤飾。

與百貨公司聯繫，將物品送至百貨公司專櫃，做好燈光與氣氛的營造，聘請合適的專櫃人員，與入內的客人簡短介紹並引起興趣，不管是否交易成功都須附上公司名片，讓更多人能夠知道我們，也讓已經購買的客戶能夠直接與公司客服聯絡，要做好高階客群的經營充分理解客戶並做好售後服務是必要的環節。

人力資源考量與種姓制度制約

在印度勞力資源當中常常需要考慮到「種姓制度」的問題。簡單的來說，種姓制度會把社會依不同種姓來劃分社會階層，較高種姓階層的人在社會中擁有較崇高的地位，而低種姓者則相反，這也是劃分其從事的職業。其中像是高種姓的人並不會和低種姓的人通婚，或者是他們覺得和低種姓的人共食、共飲是非常不潔的行為。如此等等的不平等對待，在印度是非常常見的。雖然說近年來印度受到外國的思想的影響下，是有鬆動的跡象。繁忙的城市中，很難知道身旁的人的階級為何，但是種姓制度在深根於印度社會的基底，對於人力資源還是需要考慮進去，避免不必要的摩擦。

例如說今天需要聘請清潔人員，則不能選擇高種姓的人來擔任此工作，對於他們來說是非常無禮、冒犯的行為，因此需要低種姓的人來擔任此工作。而今天需要一名向外的業務或是公關，則聘請較高種姓的人較適宜，低種姓者較不適合。因為如果碰到高種姓的人，低種姓者可能會四處碰壁，在外面無法受到正常的對待。

因此，我們將先鎖定中種姓制度的人，而為什麼不是直接跟低種姓制度的人接觸呢？首先，中種姓制度的人因為其在社會地位中不高也不低，不僅能夠瞭解從下對上，或者是從上對下的應對方式，對於比較不熟悉當地的我們，能透過他們來連結當地的居民，也可以對於我們怎麼與高種姓的人打交道。二來他們受過的教育比低階的還多，除了多了能夠以英文溝通外，也會許多當地的語言，一方面也接觸比較多的工業的行業，比較能夠了解我們對於品牌的建立與行銷的概念。

但如果直接跟我們所鎖定的低階人民，不要說請他們行銷，可能連溝通上都有困難了。在整個過程中，我們直接接觸與溝通的人為中種姓制度的佔最多數。所以不管是與最一開始生產的婦女溝通，到最後交到客人手上的行銷，都會需要中種姓制度的人。

這樣或許看起來我們對於種姓制度的默許與認同，以目前現況來說這樣的安排會比較適當。畢竟印度也一點一滴地在改變，在大城市中不再都是傳統的「男主外，女主內」，現在也漸漸看得到雙薪家庭，丈夫與妻子皆有全職工作。我們也相信印度也可以達到男女平權的觀念，只是需要長時間教育，傳達這個理念。

從生產到行銷

負責生產這些竹製品的人當然會是我們本企劃所重視的婦女，這裡指的婦女會是種姓制度中的底層，平常出外工作的大多會是男性，而待在家中打理事務的也都會是婦女，但其中也會有很多的空閒時間可以加以利用。我們認為婦女如果能夠為家裡的經濟付出，不管是婦女，還是丈夫本身也會非常樂意的。

如果是中種姓或是高種姓的人，受到西方現代化的變遷下，很多家庭甚至是雙薪家庭，基本上在家裡也不會有閒工夫來生產產品，家事也都會聘請僕人來打理，也用不著他們來出手。因此接受到較多的教育與從事現代產業的工作，他們可能都喪失了對於傳統的竹子編織技術，所以生產這部分將會由低種姓的人為最佳人選。

行銷這部分由上方所描述，行銷要除了非常了解當地文化民情和語言文化多元的社會，也需要跟各種種姓階級的人打交道，因此中種姓制度為最佳人選。印度的人力資源豐沛，只要開出人力空缺就不曾是問題。還有要注意的是，為於阿薩姆邦的西南就是孟加拉國。長年來，印度有許多孟加拉的移民，不論是否以正當的法律途徑來到印度，他們在阿薩姆邦是不可忽視的族群。基於歷史的關係，部分阿薩姆邦的人與孟加拉邊界的人其實相差不遠，外表和語言其實並沒有太大的差別。他們在阿薩姆裡大多從事高勞力工作，如農業、低技術工業勞工、建築工。在我們訪問的其中一名對象即為阿薩姆邦人，他說很多阿薩姆人也會雇用他們當作家裡的佣人，也建議我們可以雇用孟加拉人從事像是砍竹，勞力比重佔比較大的工作。

技術傳授方法

由於婦女們屬於中產階級以下的族群，所以我們無法由國際級的設計師直接傳授，而由國際級的設計師傳授給另一批設計師，而這些設計師必須具有平民的氣質，如此一來，這些婦女就能夠直接接受這些設計師的指導，間接地傳授高品質的技術。

大致上先統計在印度裡面有多少婦女在家裡是處於失業的狀態，並詢問這些婦女家裡的經濟狀況如何，是否需要兼差來維持家計，並將這些有兼差需求的婦女聚集在一個工作地，進行訓練。在訓練之前，先詢問這些婦女所會的能力統整起來，之後先進行暖身訓練，將基本所需要會的能力先提升，這個部分因人而異，先學會的人可以直接跳階，之後等到所有人都學會之後，就可以進行正式的員工訓練了。

員工訓練將以課程的方式進行，先把所需做的成品技術分門別類，再請台灣各個專業領域的專家，對婦女進行開班授課，一天白天大概上7堂課，先教會一些實作必須注意的事項，在針對我們想要在產品呈現的風格完整敘述，晚上再進行實作訓練，一個禮拜5天，訓期大約3個月，3個月後進行員工考試，利用實作的方式考驗這些婦女，若不符合我們所需標準，我將她們做基層工作，若達到標準，我們將其作為主線員工，並付給高薪。

圖：印度傳統工匠（方天賜提供）

印度為金磚四國(BRIC)之一，經濟成長率年年提高，人均國內生產名額 有大約1500美金。但畢竟這只是表面的數字，實質上印度的貧富差距非常的大。就以我們訪問的校園內印度籍學生時，他有提到他的家鄉生活在南印度的鄉村，以前祖父是以務農為生，一天平均能夠賺新台幣50元，但也能夠存40元。在另外一印度籍學生訪問當中，他有大略粗估計個個種姓的薪資多寡，如果將印度大部分的人依照經濟及社會地位，主要可以分成三層，最高層的人口數約佔10%，月薪資以新台幣計算的話約為15～30K，中產階級約有60%，月薪資約為8～15K，底下的大概有30%，月薪資約為3～8K。

不管是世界的哪個地方的人，向「錢」看齊是難免的事，所以首先在招募員工的時候，除了具體的表明目的外，能夠證明你的財力與本錢在哪裡，很快地就會有很多人就會來應徵了。還有一點要注意的是，台灣很多薪資的安排都是月初發放薪資的時候，但在印度卻要相反，應在月底的時候才發薪資，除了能夠保持他們對於工作的熱忱外，也是讓避免領了薪資就跑，保持人員的充沛。

為了避免很多外國企業進駐時，常常發生所謂「血汗工廠」的問題，除了工作環境惡劣，工作時數比一般人高很多。因此我們的薪資會比別人多個兩、三成，除了能夠保持員工的忠心度，未來印度發展程度越來越高時，屆時也緩衝基本人員費用的提升。

生產及販售地點

印度是個多元文化的國家，一般我們對於印度的印象都是深黑皮膚，或者頭上包著白巾的錫克人，但印度其實是個多元種族的地方，就以阿薩姆邦來說，他們的原住民的打扮和語言其實都與同為南海語系的原住民的我們都很相像，甚至有些部落的語言還是中文，第一眼看到他們你也不會覺得他們是印度人，他們的文化與習俗就可能連住在首都新德里的人都不一定會了解。

一方面我們也想推廣屬於較弱勢的鄉村文化到印度的社會主流，不只讓印度社會了解他們，也可以進一步地讓全世界認識不一樣的印度，打破刻板印象。目前大家對於阿薩姆的認識只停留在他產出全世界數一數二的紅茶，對於其他方面則完全不了解，不管是哪一個國家或者是地區都有他不為人知的一面，我們想要讓大家知道阿薩姆這個地方不只只有紅茶，也是有其他非常有趣的一面值得我們去探索與認識。

有關生產地點方面，我們將會評估哪個村落將會是我們的最佳選擇，一開始會選定一個村落作為我們開端，並在自行在搭建一個全新的空間供我們一切的事宜使用，最主要讓婦女能夠方便到達這個地點。這裡將會是原料的匯集地、給予婦女們原料、傳授技術、匯集成品的地方。當然最主要商品製作的地方將會是各個婦女的家中，這個空間大多時候也會是閒置狀態則給該村落一個從事社區活動或者是集會的地點。

圖：阿薩姆省自然風光（Poonam Sharma提供）

販賣地點則考慮以下城市：

新德里：已有許多現代商場。在旺季時一天的消費人次可以破萬，而且考慮到新德里的居民消費能力驚人。相信他們對台灣來的精品與國際品牌，會有消費的動機。另外參考一些國際品牌的行銷模式，進駐新德里裡國際機場也是一個行銷有利的辦法，在人來人往的機場舉辦關於我們產品的展覽，吸引國際人士以及印度進出機場頻率較高的中上層人群。

孟買：有鑑於星巴克在2012年開始進駐印度市場，而且在孟買有最多間連鎖店，由此可知，孟買的消費能力足夠應付星巴克這類高物價的商品。另外我們發現，有些台灣代理商會在孟買舉辦展覽，所以我們想要效法像是在孟買舉辦的時尚生活用品展，也辦一個能夠刺激當地消費者對竹製品產生購買欲望的展覽。

邦加羅爾：邦加羅爾有印度矽谷之稱。裡面的消費族群涵蓋大量的科技人才，根據我們訪問的印度同學，他說這些科技人才的消費習慣，只著重於喜好。如果能夠讓他們對產品感興趣，價錢高一點，他們也會接受。所以我們鎖定這些高薪的科技人才，在邦加羅爾設立門市，希望能夠在高階消費市場中打響知名度。

實地考察與評估

雇用阿薩姆邦附近中間階層的員工幫助我們接洽當地部落長老與溝通，因為我們並不熟悉當地的語言與習俗，可能無意間造成冒犯，為了未來合作的愉快與效率，因此需要熟悉當地部落且能用英文或中文溝通的夥伴。故首先應詢問長老了解當地文化與習俗，透過與長老的接洽與聊天讓我們快速地知道當地習俗文化之外，還能幫助我們更了解當地的需求與能力，也能大概地知道當地每一戶居民大致的狀況，這些瞭解能幫助我們未來在規劃上更順暢更有效率。

另外，需要瞭解地形交通考察、竹林與部落距離、部落對外交通及民居分布狀況，作為我們在規劃學習中心、運輸點……等等的參考，這些地點的選擇必須考量到運輸的成本與方便外，更重要的是讓居民們能夠安心、安全、方便到達的地點，這樣能夠有效地降低參與的門檻。接著，需掌握當地婦女或男人對竹製品的精熟程度，我們可以選定幾戶來拜訪，參觀家中竹工藝品的精熟程度，或是與之協商，請他們照著示範的設計圖製作看看，除了給予酬勞外也能鑑定程度，這些能力上的瞭解能夠幫助我們未來在規畫訓練課程的時候，更有依據與效率。

與當地政府部門接洽、熟悉各種相關法律及規定，則是在出發之前必須做好完善的功課，查妥那些部門與企業是能給予幫助的，並且透過網路與之聯絡約定面談時間，俗話說的好：「見面三分情」，此舉能夠幫助我們在他們心中留下印象甚至可以確定具體細節，此外熟悉當地法律與規定也是每個外商必做的功課。接觸當地相關上下游產業接觸，則可以瞭解當地企業的需要以及他們能夠給予的幫助，讓我們在原則內盡最大的努力爭取最多的朋友。

風險評估與應對方案

盜版問題：在準備這份報告沒多久之後也曾聽聞印度盜版風氣的盛行，為此我們感到煩惱之外還找了幾位印度朋友詢問盜版的問題，根據他們的說法其實我們不需要擔心，如果我們的產品優良、做工精緻，儘管有廉價的劣質盜版品，那也是不同的客群，無須在意，甚至有人盜版你代表你的產品做得好，可能還是一種另類的里程碑。

環境生態問題（竹子環保）：我們選擇竹子做為工藝品材料，因為竹子相當環保，它是可以快速更新的綠色低碳材料，也是全球應對氣候變化不可忽視的可替代資源，竹子具有以下特點：第一，竹子生長得特別快，並且是可以天然更新的，而一棵樹木要長成需要20到30年時間，相對之下，竹子3到5年就可以採伐了，正因為這樣，竹子可以固定更多的二氧化碳，產生緩解氣候變化的作用，所以竹子對於碳的減量非常有效，是個非常環保的植物。第二，竹材的用途很廣泛，它可以替代很多高能耗的材料，例如塑膠，如此一來，竹子就可以減少因生產高能耗材料產生的碳排放。

預期效益：創業到第三年時，我們預期達到以下效益：

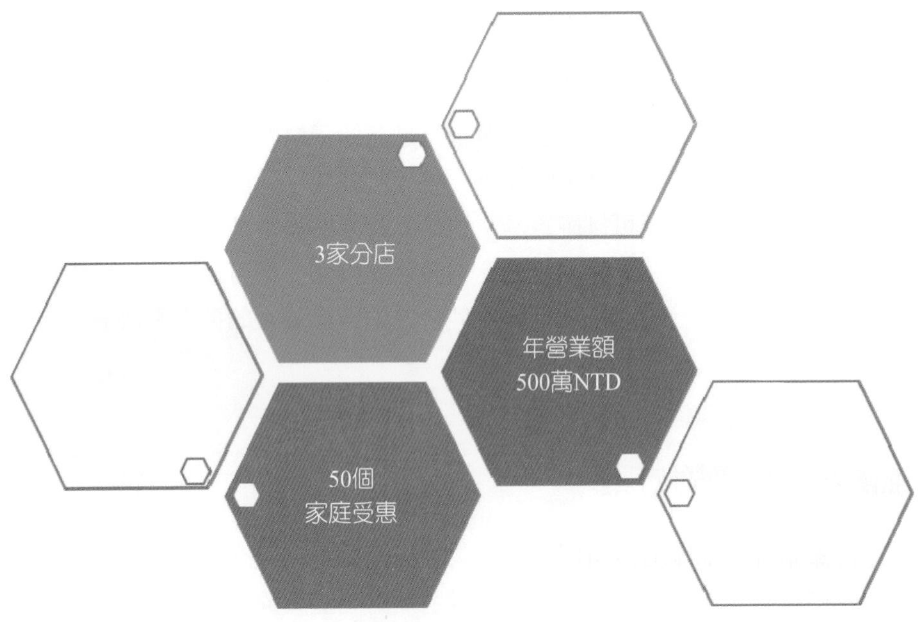

圖：預期效益圖

社會價值：我們預期在創業第三年時，可以使得50個家庭受惠，並在這些家庭、村落中，宣揚教育、乾淨用水、健康保健知識。同時也以行動贊助或建立學校、醫療站、濾水設備等需求。

營收方面：創業第三年開始收支平衡，拿回初期所投入的資本額。有著高消費力的家庭支撐，以及企業、政府指定使用我們的產品做為禮品，而消費力強的外國觀光客，也將看好雅致而深具印度風格的竹工藝品。年營業額達到500萬台幣。

展店規劃：三家分店都將開設於印度，特別是有著高消費力的大都市為目標。在第二家、第三家分店的開設過程中，都使用飢渴行銷的模式，長期的廣告及預購，以話題性吸引人們注意。

如果進展順利，將在上述基礎下，逐步擴大營運規模。進而思考另一個階段的營運策略。

黑鑽石傳說——印度竹炭奇蹟

徐鑑均、莊于萱、姜昕、張冠譽、吳信儒

在進行這次的研究之前，儘管已經上了幾堂有關印度的文化、經濟、宗教等入門介紹的課，但對於印度當地的一些實際生活情況仍是一知半解，所以就以一個外國人對印度的微薄印象去著手。率先擬定下了三個主題：太陽能風扇帽、印度人力仲介商、竹炭產品。

當時心裡想著：普遍印度在夏季都非常的高溫，外加電源供應又十分不穩定的情況下，使用電扇的次數十分頻繁……那……太陽能風扇帽！這點子在腦中一閃而過，不但跳脫了用電的問題，又能讓外出活動的印度人，在炎炎夏日裡能有個小風扇在頭頂轉，何嘗不好呢？帶著一個在兜售小玩意兒的心態，與我們的三位分別居住在不同城市的印度朋友們談談，果然也大大受到了歡迎，分別在看到我們拿給他看的風扇帽樣本後，各個眉開眼笑的，彷彿很想立即擁有似的，認為可行率十分的高，而且經過訪談後，得知他們進行外出活動的次數又十分頻繁，帶著一頂傳統的鴨舌帽，還不如我們的新穎太陽能風扇帽，又科技又新潮，還能有風吹！

相談甚歡下，眼看就要下定案了，當頭棒喝的一個問題才將我們打醒，「那台灣為何還沒盛行呢？」左思右想，知其然而不知其所以然，就如前面所提的，僅僅是一個小玩意兒罷了，以前瞻性來看，似乎也沒那麼的迫切，摸摸鼻子只好毅然決然的放棄，往下個主題邁進。整個過程中努力扮演著一個勢利的經銷商，剖析客戶在生活中對於產品銷售種種有利的行為，進行一連串的反覆詢問與推敲後，終於選定了「黑鑽石」——竹炭！

台灣竹炭業發展歷史

台灣的竹資源相當豐富，利用竹材製作而成的民生生活品在過去的生活中是處處可見的。竹材不僅是常見的民生作物，亦曾是台灣經濟成長歷程中相當重要的經濟作物之一，以竹材加工的相關產業曾為台灣賺取了不少外匯。1970前初期，農復會及農發會積極推動竹類研究，輔導竹林改良經營技術及各類型竹材加工技術，使台灣竹材利用因而突破了早期傳統竹材的製作模式。在1970年代，竹產業相關加工廠林立，以竹材加工為主的竹山工業區也於1973年成立，當時政府全力支持，加工產品出口穩定成長，為竹產業成長期。

1976年後，政府更進一步輔導業者設廠，祭出諸多優惠方案，吸引業者採購機器設備，並協助經營資金之周轉，增加竹製品價值、增加出口優勢，此為台灣竹材加工業之全盛期。甚至在1980年，達到1億美元的外銷額。自1980年開始，台灣工資不斷上揚，加上來自中國大陸、東南亞低價竹材成品的衝擊，致使台灣國內竹材加工業漸失競爭力、竹材價格嚴重下滑，竹林資源也因此漸行荒蕪，進而影響竹農生計，造成農村人口流失與失業率迅速升高等狀況，高密集的竹材加工產業就此快速走向衰弱。竹材相關產業自全盛時期的1,500家，至2004年時只剩下近百家。

1999年921大地震，重創了台灣的林業，卻悄悄種下希望的種子。為了救災及輔導災區重建，921重建會與農委會共同擬訂振興計劃，以協助災民自立。當時，農委會在溪頭舉辦竹產業研討會，有學者根據竹炭在日本應用的盛況，認為台灣可以仿效發展竹炭產業，協助竹資源最豐富的中部災民自立。並延聘日本的「竹炭達人」鳥羽曙，來台指導建窯及傳授燒炭技術，積極推動「竹產業轉型及振興計畫」，農委會訂定「以竹代木」政策，擬定竹林培育、伐採加工、生態旅遊全方位發展策略，確保台灣竹業永續經營及利潤最大化。結合了林務局、林業試驗所和工研院組成研發團隊，於苗栗縣三灣鄉設置第一個研發基地，並指導在三灣、大埔、尖石及南投等竹產豐富地區陸續開始燒製「竹炭」，也就是竹材經高溫窯燒、碳化製成的純淨原料，掀起一波「黑色的農業革命」。

工研院預估，將台灣竹炭應用於不同產業，5年後可望創造新台幣500億的產值。自2004年林務局輔導四家廠商完成五項商品以來，迄今國內接受輔導的廠商已超過50家，已開發出的產品項目更高達115項，可分成紡織品、建材、食品、醫療保健、環境改良、樂器和電子元件共七大類。更有超過7家廠商獲CAS優良林產品的認証通過。因為竹產業的興盛，竹子的價格由2003年一公斤售價5元，成長到一公斤8元的增幅。

產品的價值隨著技術不斷被提升，眾多產品中，多項開發技術更領先世界。甚至超越早台灣發展20餘年竹炭技術的日本，連當初輔導的日本「竹炭達人」鳥羽曙都對台灣的此項技術驚嘆不已。南投澀水竹炭工作室開發的竹炭保溫杯，台灣百和公司「奈米健康竹炭紗」，皆為台灣的創舉，而竹炭紗優良的保溫、除臭、抗菌和促進血液循環的效果，更讓歐美日等國際大廠趨之若鶩，紛紛與國內業者合作，台灣竹子產業在國際上終於找到了新立足點。根據統計，單單竹炭紗的年產值就達6億元，為國內紡織業創造每年約20億元的商機。如果竹產業能持續在台灣蓬勃發展，或許有朝一日，農民可以砍除破壞水土保持的檳榔樹，改種竹子鞏固水土。一方面維護生態，一方面讓台灣在綠色產業領域中出類拔萃。

台灣的竹炭產業雖然較日本晚起步逾20年，但台灣的創新能力以及先進的技術，已超越日本的生產品質。因此，我們認為藉台灣的技術到印度這個具有廣大內需市場、蘊含豐富竹資源的國家發展，是相當值得期待的。

若要往竹炭方向發展，就要先了解竹炭，才能更了解它的優點與適合的應用領域，並確立我們欲在印度發展商品的整體方向。竹炭的原始材料為年生以上的老竹子。將此竹子堆疊於窯中，利用800℃以上的高溫炭化製程技術，在隔絕氧氣的的狀態下，燒製、精煉後的成果，便是我們的主角——竹炭。

與生活中較常見的木炭不同的是，竹炭雖然含炭率較低，不適合做為燃料；卻是擁有細密結構與較多孔隙的多孔質天然有機材料。因此，其表面積較木炭多了許多，每公克的竹炭表面積可達300平方公尺，經過適當的活化處理後，甚至能再增加倍的表面積。這些孔隙具有出色的吸附能力，包括空氣或土壤中的水氣、髒汙、化學物質，甚至是有機汙染物等。這使竹炭擁有了除濕、除臭的功能。在一開始的討論時，我們首先注意到水質淨化這個效能，又發現空氣清淨方面的效果，十分適合用於改善印度的大眾生活品質上。竹炭本身為高矽材質，屬於低電阻的導體，能對電磁波有導引作用，使電磁波不會接近隔絕物體；又有多孔性，可以干涉、減弱電磁波。在這兩種屬性下，它能有效的屏蔽電磁波。

除了上述的效果之外，竹炭也經過日本證實可以產生適合人體的遠紅外線，主要的優點是促進血液循環及飽暖。而擁有如此多優點的竹炭，全天然的材質也能讓人使用起來安心，竹子的生長季短，可以快速的補充，只要不要過度誇張的消耗，是不用擔心對環境生態造成衝擊的，也因此，竹炭同時也具有環保的優點。

竹炭的多孔性質使之有良好的吸附效果，由於此吸附效果是可逆的，所以竹炭使用在烹調、醃漬等，都有良好的調解效果，例如：在煮飯時調節濕度使米粒更加熟透，或是在醃漬食物時調節鹽分、水分及糖分。同時，竹炭含有微量可溶於水的天然弱鹼性礦物質，所以在煮開水等鍋物時，將竹炭放入可使這些天然礦物質溶出，產生含有類似天然礦泉水效果。竹炭粉對於食品也是有很多好處的，將它們均勻得融合在麵粉等食物內，可以促進腸胃蠕動、幫助消化，除了麵包、湯圓等食品外，甚至糖果、冰淇淋等甜點皆可使用。

在面膜、洗面乳方面，竹炭的吸附性質可用於排除皮膚上多餘的油脂。竹炭的細微顆粒也在許多地方有所功能，例如：刮除牙齒、皮膚毛細孔中的汙垢，或是頭皮按摩。竹醋液的抗菌效果不論在牙膏、沐浴乳，或是洗髮乳等等的方皆可有利用的空間，用在洗面乳上其抗菌效果能更進一步的達到抗痘效果。

竹炭使用在紡織品方面，可說是將本身的效果展露無遺，除了一提再提的吸濕排汗功效、吸附髒汙，除臭抑菌等，它在遠紅外線的表現也能夠為人體飽暖、增加血液循環，再加上可以保護人體隔絕電磁波的功能。不管在衣服上，或是手套、圍巾等配件，都是很有機會發展商品的。

技術與優勢

台灣的基本工資不斷上漲，加上中國及東南亞國家竹製品低價競爭等種種問題，使我國竹材產業競爭力曾一度降低，加工產業幾乎無法生存。雖然竹炭的出現為竹材的用途找到新的方向與發展，然而單純的燒製竹炭成型並不是非常高技術性產品，中國及東南亞國家也有能力進行竹炭的製作。為避免竹炭成為下一個價格戰的犧牲品，台灣研究機構更近一步將竹炭融合於其他產品，並且建立工業化和標準化的生產技術能量，使竹炭能夠廣泛應用於紡織品、陶製品、食品、醫療保健，甚至電子元件等，不僅提升產品的附加價值，更是幫助台灣竹製品產業憑著創新的技術與應用，擺脫與其他國家進行相同產品價格競爭的重要關鍵。

經過產學界多年的研究與改良，台灣已成功開發出竹炭製作的關鍵技術，也能夠生產出比起日本品質更好且成本更低的竹炭。而最具優勢的部分在「高品質的竹炭」與「竹炭纖維」的生產。高品質的竹炭，包括竹炭窯本身的設計、高水準的燒製技術等方面，甚至在不同機能性的竹炭材料開發上，目前都是領先他國的。

但單純製造生產販售竹炭並無法取得竹炭產業最高的經濟效益，而是將竹炭與不同的產品進行結合。利用竹炭的多功能性來提升產品的品質、附加價值。在竹炭纖維方面，則是經濟部紡織產業綜合研發所的努力成果，研發的重點包括機能性竹炭纖維生產技術、竹炭微粉的研磨技術等。在成果方面，將竹炭磨成粉末，並在紡絲過程中加入粉末乳漿，製成竹炭纖維的技術，便是台灣首創的一門技術，也是獨步全球的一項技術。

「高品質的竹炭」與「竹炭纖維」這兩部分的結合，使竹炭從一開始原料的生產，到最末端紡織品的市場行銷等，同時兼具垂直整合與水平分工的特性，將台灣在這方面的優勢擴展到最大。

除了掌握竹炭應用的關鍵技術，配合創新，也必須思考到未來產品通路的發展。以建立自有品牌方式，選擇不透過中盤商，建立自己的行銷體系，以直營門市的經營方式銷售公司本身的產品，省去中游下游廠商的抽成，得到最大利益。由於竹炭紗具保暖、抗菌及透氣舒適等優點，而這些優點也符合從嬰幼兒到老年人的各個年齡層；同時，藉由品牌的建立推動行銷差異化的策略，並堅持本身的價格定位， 以避開市場上相似商品的削價競爭，將竹炭產品定位於具功能化、精緻化與高單價的產品。

2005年在日本愛知縣舉辦的國際博覽會中，以永續、與大自然共生的概念為展覽概念，炭則是展覽主題。台灣在當時的竹炭發展已十分優秀，獲得日本主動邀請參加會中的「全球市民參加區」，這也是台灣竹炭產業爭取更高知名度的大好機會。在展覽會中，竹炭樂器的表演、竹炭紡織品，甚至是充滿科技性、節能性的竹炭電容代步車，還有以技術克服了竹炭本身非均質的缺點，製做出來的生活用品，無不令人嘖嘖稱奇。這次的出展，台灣的竹炭商品，從材料、製程、設備到技術等各層面，都受到了各國的詢問，每人都對台灣在科技研發與技術的應用上讚嘆不已，使我們不只大大提升知名度，更開啟了新的經濟發展方向。

綜合以上的資訊，我們可以了解台灣在竹炭方面的技術與發展是全球領先群的一員。也可以在新聞中了解，印度在積極發展竹林產業時，一直對台灣的發展成果很有興趣，更諮詢了台灣專家的意見。印度本身便擁有的大量豐沛的竹林資源，但卻都只有最初步的運用，研究也處在較低階的層次，可以加上台灣領先技術的投資，我們小組在討論後，都覺得這是一項非常可行的合作策略，甚至可能可以得到印度政府方面的支持與幫助。

印度竹資源分布與利用

印度的竹子種類和竹林面積為全世界第二，有19屬136種（亦說600種），共400多萬公頃。印度人稱竹子為「窮人的木材」，竹子利用的程度可以同木材相比擬，消耗量亦很大。除廣泛用於建築外，主要用來造紙。目前，印度是世界上使用竹材造紙最多的國家，全國近百個造紙廠中有一半以上的工廠利用竹子做原料，估計竹材在造紙原料中的比例為45～60%。80年代中期產竹紙310萬噸，20世紀末年產竹紙400萬噸。印度用竹子生產的紙有牛皮紙，包裝紙及新聞紙等，還製成了貼面紙，證券紙和文具紙等高級用紙。

圖：印度竹子藝品（方天賜提供）

印度雖然有大面積的竹林、人工竹林，但國內竹材加工業仍然還是缺乏原材料。印度東北部各邦竹林的蓄積量佔本國的66%，佔世界的20%。印度全國竹子總產量（包括政府和私有林地）比竹工業實際所需要的大約少50%。在印度，竹子主要用於建築、造紙、手工業等行業，目前每年用於建築的竹子的消費量為340萬噸。而私有林地生產的竹子，主要供應在國內市場。印度竹子經濟目前還處在初級階段（只佔全球竹子經濟的4%），但由於印度政府啟動的一些大的項目，如：全國竹子任務、全國竹子應用任務等，可預見竹材工業在不久的將來會有很大的發展。

印度推行「國家竹子計畫」

印度前總理瓦杰帕伊(A. B. Vajapyee)稱竹子為「綠色黃金」，並表示印度將把大力發展竹產業作為推動農村經濟發展的火車頭，爭取在2007年為全國創造800萬個工作崗位，使500萬個農村家庭擺脫貧困，並為政府帶來每年1,600億印度盧比的稅收。印度政府希望在2015年前後，使印度成為世界領先的竹製品出口大國。

自1999年起，印度成立國家竹子開發委員會，實施「國家竹子計畫」。紡織部關注對竹子手工藝品的製造；工業部關注竹子的工業用途；食品加工部關注竹筍加工業；科技部通過設在印度東北部竹產區的試驗基地進行竹子的研究和開發。印度的一些主要林業研究部門也開始在印度熱帶雨林以外的地區開發和建立由農戶經營的竹資源培育基地。這種農戶經營人工林的方式將成為未來竹材供應的保障和適應市場特殊需求的竹原材料的來源，同時還有利於保持印度各個地區的生態平衡。

圖：台灣曾派團赴印度參加印度國家竹子應用計畫研討會（方天賜提供）

印度也是世界上首批開發竹子發電潛能的地區之一。2006年，印度開始在東北部最大的竹產區米佐拉姆邦省建造兩座以竹子為燃料的新型環保電廠。米佐拉姆邦建將成為印度第一個使用這種「綠色」電力的地方邦。用竹子和竹子邊角料發電，不僅成本低，也有利於環境，其原理類似於用稻殼發電，即將竹子乾燥後再熱解汽化，然後用產生的可燃氣體來發電，在印度竹子利用的程度可以同木材相比擬，消耗量亦很大。

印度目前還不盛行竹炭產品，有幾個原因：第一，生產廠家的宣傳力度不夠，導致人民群眾對此產品的認知度低。竹炭產品是高科技產品，對於發展較為落後的印度人來說，要理解竹炭的多功能性有一定的難度，竹炭產品的功能也難以讓他們信服，甚至花錢購買。

另外印度人均收入偏低，貧富差距很大，對於低收入的國民滿足民生需求已經相當困難，要再多花費購買較高價的竹炭產品確實不易，如果此時產品設點錯誤，導致產品滯銷，使利潤降低。而竹炭產品本身見效慢，而且效果不明顯，難以在短期內讓人折服。加上冒牌產品多、壓價，給正規竹炭產品帶來負面影響。山寨產品在發展中國家確實相當盛行，也有許多大廠蒙受其害，而且售價遠低於正版產品。對於民眾來說，效果類似、外觀近乎相同的產品，售價低確實會提升購買的慾望，使正版產品銷路受阻。

印度近年雖掀起竹產業的綠色革命，但多發展竹加工業，對於竹炭這種高技術性，低成功率的產品確實有發展的困難，但如果引進台灣的先進技術，印度取用不盡的竹資源，確實能獲得相當大的效益。

可銷售的竹炭商品

現今市面上所賣的商品主要分為原炭類與生活炭產品。在原炭類的方面，主要是以竹炭微粉、筒炭、以及炭包等產品形式，直接售出初步高溫炭化後的燒製原料，並且能同時收集燒製過程中產生的黑煙，進行冷凝、靜置、蒸餾而得其副產物竹醋液等等，未經較繁複加工過程的產品為主；至於生活炭產品上，則多進階加工成竹碳纖維，再紡織成襪子、貼身內衣褲、衣物、鞋墊、毛巾甚至是床套組等，抑或是將原料在外型上進行加工製成竹炭馬克杯、茶具組、餐具組，或作為食品添加物而成竹炭手工拉麵、竹炭花生、皮蛋，此外，在竹醋液上也能加工製成肥皂。從這些各式各樣的竹炭商品類型裡，我們從中選定幾項作為在印度竹炭產業上的販售商品，並將其分為前、中、後期去考量。

由於在我們的訪談過程中，發現印度人對於竹炭產品上的認知都不及台灣與日本，對於竹炭產品的功效並未十分熟悉，且在當地也尚未有類似的產業開始發展，所以在前期的商品類別，我們選定以一些生活上常用的商品入手，首推竹碳纖維，銷售竹碳粉末給予當地的成衣工廠， 與其合作而製成衣物、襪子、毛巾……等，再以設立一間固定店面的方式據點銷售並且少量分區寄賣，希望增加商品的能見度，利用竹炭本身的吸濕、排汗、除臭、抑菌等特性，吸引他們來購買，同時，在店面裡販售部分原炭類的產品，像是炭包並在外層包裹印度傳統紋飾的布料，作為除臭包，以及竹醋液的瓶裝販售，希望他們透過買後實際體驗的方式，在於竹炭商品上會有一定的認識與信任後，才進而轉為中期銷售模式。

到了中期，由於竹炭業的發展也已有一段時間，印度人對於竹炭商品也不再如此陌生，故可開始販售一些更精緻的加工產品，像是竹炭蓋杯、手把杯，或是竹炭攪拌棒、筷子等餐具組合，並將竹醋液進而加工成肥皂，主打為存天然的原料所製，並結合當地的一些食品來做竹炭添加，增加其口感。

最後到了後期，除了所有產品皆開始大量生產外，並擴及海外的市場，我們還要增加販售竹炭製成的各種藝術品、吊飾等等，讓客戶能擺於家中欣賞或是隨身掛於包包、汽車上，並增加產品的美觀性，使其在美學與實用上都能兼具。

SWOT商業分析模型

在產業發展上，必定會需要了解自己的優劣勢、以及分析商業模式的各個要素。在這個小節裡將會對本次主題做兩個簡單的分析，幫助釐清在印度發展所會面臨的種種問題，以及預發展的方向。在SWOT分析裡，將可以簡單的了解自己與競爭對手的異同，並且由自身的優勢(Strength)及劣勢(Weakness)，進一步探討潛在可掌握的機會(Opportunities)和未來競爭對手可能造成的威脅(Threats)。

分析的開頭，先從自身優勢著手，而台灣所擁有的優勢，理所當然是我們台灣所握有的竹炭製備技術。早期台灣在向日本進行燒炭技術轉移時日本國寶級大師鳥羽曙曾讚不絕口，「台灣的團隊非常了不起，積極而有彈性，我預期兩年內台灣的竹炭研究將超過日本！」

縱使台灣握有優越的竹炭製備技術，但是在印度市場仍會處於弱勢。其主要原因有二，一是印度人民普遍對於竹子加工的認識仍十分粗淺，這導致他們對於竹炭這方面的生產一無所知。甚至我們所訪談的印度在台學生，也對竹炭產品極度陌生，這點將會使得我們在印度宣傳該種商品時陷入困境。另外的原因是，印度人民的收入較少、消費水平偏低，對於可能會使得商品價格較高的竹炭商品上市後乏人問津。

稍微了解以上兩點後，讓我們進一步去探討在印度發展時的機會。值得注意的是，印度政府在開發竹林產業方面投資龐大，不但興建竹林研究中心，也聘請國際一流專家協助研發，同時鼓勵民間企業投資參與。這對於我們在印度發展有極大的助力，可以尋找政府機構等協助開發竹林資源。此外，印度擁有世界第二的竹林資源，僅次於中國。這使得我們在尋找竹林資源時，較為容易可以找到資源豐富的地方。

最後，我們所面臨的威脅主要來自兩個對象。一是國外的其他廠商，例如，中國、日本等國家可能也會進駐印度市場，發展竹林產業。另外就是印度人民對於這類的在當地算是新興產品的竹炭是否可以接受、認同。以上這兩點必須克服，才可以使後續的產業發展更為順利。

在此我們設想了兩個方法分別去處理所面臨的威脅。一是建立我們的自有品牌、創造好的口碑，這樣在有其他競爭對手出現時，已在消費者有一席之地的品牌佔有較大優勢。另一個問題，來自於當地人民對於產品的接受度，這邊所需要的是有效的宣傳方法，讓消費者可以清楚了解我們的產品，這部分在後面的小節會再詳細介紹。

表：SWOT分析

內部能力 / 外部因素	優勢	劣勢
	台灣技術成熟	當地消費者對竹炭不了解商品價位高，消費意願低
機會 當地政府鼓勵發展竹林產業 當地竹林資源豐富	與當地政府合作開發竹林資源，並取得生產所需原料	與政府合作，贈與竹炭給需要的地區用於淨水，透過宣傳讓消費者了解產品價值
威脅 有其他性質類似廠商進駐 消費者對商品接受度低	精進自我技術，以產品質量勝過競爭對手	提供多樣產品試用，提高接受的可能性

商業模式九大要素

了解前面的分析後，我們接下來必須建立在印度當地的商業模式。積極尋找合作夥伴，而後由產品核心價值出發，藉由宣傳手法、銷售通路以及顧客使用產品的體驗建立與消費者的關係。透過以下各點，便可以更清楚知道我們在當地的營運目標。

顧客群 (Customer Segments)

在產品販售前，我們必須先確立欲接觸的客群。從產品價值的角度下去考量，竹炭纖維在製作成本上會比一般石化合成纖維要高出許多，因此我們鎖定的客群會會以中產階級為主，理由是中產階級有一定的消費水平，可以在相同類型的產品中選擇價格較高、品質較好的產品使用。

價值主張 (Value Propostion)

對於我們鎖定的客群，其商品可以提供給他們的價值有二點。首先是原料方面，可以保證原料來源天然、而且在地生產；再來，產品使用方面，由於竹炭纖維具有排濕吸臭的特性，消費者在穿著竹炭纖維製成的衣物會較舒適。

通路結構 (Channels)

通路除了一般的銷售外，還有如何向顧客傳達我們產品的價值主張。首先，我們所會運用的銷售通路主要有二，一是自己設立專櫃販賣，同時在各個零散的衣服專賣寄賣我們的商品。另外，價值主張傳達方面，我們可以透過文宣、電影中場或電視廣告、街頭訪問，逐步去拓展當地民眾對竹炭商品的認識。

顧客關係 (Customer Relationship)

對於企業與顧客的關係，我們期望建立消費者對品牌的信任與認同，甚至願意口耳相傳向身邊的人推廣我們的產品，在顧客心中穩固品牌的地位。

收入來源 (Revenue Streams)

在當地經營，我們最主要的收入將來自於竹炭纖維製成的衣物販售所得的收益，此外，由於在燒製竹炭過程，其附加產物竹醋液亦占生產的不小部分，故在竹醋液的販售上，也將增加部分收入額。

關鍵資源 (Key Resources)

商品在生產時需要諸多資源，這邊約略分為三類，分別為實體資源、技術資源以及人力資源。首先，實體資源指的就是竹炭生產原料，印度擁有世界第二大的竹林，資源豐沛，只需選擇適當的地點，便可以大量取得；再來，技術資源，需要的有兩種核心技術，一是燒炭技術，另外則是竹炭纖維的製作技術。以上兩種技術，皆可以從台灣移植過去，也算是易取得之資源。剩下的成衣技術，可找當地的成衣工廠合作，也並非難以取得之資源；最後，生產所需的人力資源，由於印度擁有十幾億的人口，人力資源十分之充沛，我們只需要雇用幾個關鍵的高種姓管理階層，由他們替我們管理底下龐大的勞工，相信可以有效的解決人力方面的問題。

關建活動 (Key Activities)

我們在當地除了販售商品外，還有其他重要活動。不外乎就是採集竹林資源、竹子加工，還有商品宣傳以及品牌建立。透過這些活動，我們不只可以獲得商品販售收益，還可以進一步讓印度認識台灣的另一個面貌，增加印度對台灣的認識。

關建夥伴關係 (Key Partnership)

在外地經營一個企業，最重要的就是尋找可合作的對象或企業。由於當地政府有開發竹林資源的意願，因此我們在地生產時，可以尋求當地政府的協助，甚至可以指導、協助發開竹林資源，互相提供想要的資源。另外，在製作竹炭纖維的衣物時，我們可以尋找願意合作的成衣工廠，不在當地額外設立成衣工廠，改為由當地成衣工廠加工。

成本結構 (Cost Structure)

最後，我們在經營時所必須消耗的成本，主要有以下幾個項目：人力成本、設備成本、加工過程中所消耗的成本、成衣代工成本以及通路成本。以上幾點，會在後面的小節討論細項。

表：成本結構

<table>
<tr><td rowspan="2">Key partnership
當地政府
成衣工廠</td><td>Key activities
生產、加工
販售、推廣台灣價值</td><td rowspan="2">Value proposition
天然原料
舒適的產品體驗</td><td>Customer relationships
品牌認同、
信任</td><td rowspan="2">Customer segments
中產階級或以上之客群</td></tr>
<tr><td>Key resources
竹林資源
技術資源
人力資源</td><td>Channels
自設專櫃、其他專櫃寄賣
媒體廣告</td></tr>
<tr><td colspan="3">Cost structure
人力成本、設備成本、加工成本
成衣代工成本、通路成本</td><td colspan="2">Revenue streams
商品販售之收益</td></tr>
</table>

產業發展計畫

經過前面的介紹，我們對於實際進駐印度再做進一步的分析，還有說明一下發展的前中後期我們所設想的進度。對於實際進駐，我們運用國際生產折衷理論(The Eclectic Paragim of International Production)來探討我們在印度當地是否適合直接進駐投資，而後再依據分析結果來對發展前中後期做出欲達成之目標。

我們對於國際直接投資的三個基本要素：所有權優勢(Ownership)、區位優勢(Location)、市場內部化優勢(Internalization)，OLI模式去分析我們是否擁有以上這三種優勢。

首先，對於國際投資，最重要的便是我們是否擁有其他企業無法輕易取代的優勢。在這邊台灣的優勢便是對於竹炭生產技術的掌握。不論是基礎的燒炭技術，還有後續的竹炭奈米化技術，乃至於竹炭纖維的生產。種種必須的技術，台灣早早就已經成功研發，並且掌握關鍵技術。

對於欲投資的地區，再來需要了解的是投資環境我們是否占有優勢，在這邊整理出三點優勢。首先，生產所需的人力，印度的龐大人口造成了低廉的勞動成本，實為我們投資的優勢；再來，印度正在發展經濟，當地的中產階級人口眾多，這也是我們投資時的第二點優勢；最後，最重要的還是政府政策，當地政府對於發展竹林產業十分感興趣，這也是我們對於此研究的出發點。

在跨國投資時，我們如何保有技術優勢、避免技術被模仿、產品被抄襲，以上三點為確保企業。結合上面兩優勢，所有權及區位優勢。我們進一步必須設法取得技術專利，已保護我們自身的技術不外流。同時，印度也致力於提高智產權的保護，吸引外資投資。因此可以利用政府對於智產權的政策取得我們保護自己的優勢。

發展目標

透過OLI模式分析，我們了解台灣應該有能力向外投資，並且發展企業。然後企業在發展時，必須確立在發展前中後期的發展方向。在這裡，我們粗淺的介紹各個時期發展的大致目標。

發展前期，我們必須選定一個加工竹子的主要據點。根據原料與產物的特性，竹子在加工後所得產物質量大幅減少，因此我們在選擇據點時的時候有以下幾個要點：鄰近竹子產地相近、鄰近成衣工廠。結合以上兩要點，我們選擇在印度中央州(Madhya Pradesh)做為我們主要的加工據點，其選擇的理由有兩個：一是中央州擁有印度最大的竹林占有面積(18124 km^2，Table 11. Area under bamboo in India)，二是中央州同時擁有印度全國第四大的紡織成衣製造中心。

確立好生產據點，我們進一步設定商品去販售的區域。在這邊我們預設為孟買，理由是孟買為印度的商業首都，其人口稠密，具有龐大的市場潛力，尋找願意接受新產品的機會也較高。爾後，我們預期可以建立自有品牌，穩定客源。

待前期目標達成，我們可以進一步將產業與觀光結合，讓那些對竹炭有興趣的民眾可以透過觀光工廠等方式了解台灣優越的技術，並且增加商品的多樣性。除了前期所販售的竹炭纖維衣物，我們可以增加竹炭生產時的副產物加工品，例如：竹醋液肥皂、竹炭杯等，甚至可以向外宣傳當地資源與台灣技術結合的結晶，向外拓展客源。發展至後期，若是產量穩定也可以向國外拓展客源，由印度外銷竹炭纖維製品至中國、日本等地，將品牌國際化，此即為我們最終的產業發展目標。

成本估算

經過以上在各細節的分析後，我們也須要了解在進行這項產業時，所需要花費的基本成本投資，並根據分布成本法將各項花費依照製造程序做分類，初步列出幾項初期發展所需做的考量：

原料取得至竹炭燒製完成

在竹子的砍伐部分，我們將以雇用印度人力的方式，至竹林區做開墾，由於其屬於間歇性工作，故人力薪資根據印度勞工局於2015年所調查的wages rate data中loggers and wood cutters項裡，中央州的男性勞工每日薪資約在147盧比左右，換算為台幣即70台幣/日。此外，根據原料區位特性，生產工廠將會設置在竹子產地附近，故運費部分則忽略不計。

工廠建置部份，將依據外商投資規定，向政府申請並向地方單位辦理登記後，於鄰近產地的地方置產，並在廠房設計上經過市政府與工廠檢驗局核准，符合工廠管理法的安全及工作環境標準，再通過消防單位檢查防火設備規定等步驟之花費。

竹炭窯的設置費以台灣為例，竹炭窯的設置依據平坦地與坡地而不同，在坡地不需窯壁施工型之建造成本最低，次之為平坦地不需窯壁施工型，最後為平坦地且需進行窯壁施工型最高，且各依其土質之差異而使成本有所變化，估計整座建造約略落在283580～329850元間。

計算方式：比較兩國人均收入與印度物價之不同後進行換算。其他的成本計算還包括控制窯溫度的工人、水電費、竹醋液冷凝儀器設置……。

產品銷售

在竹炭產品包裝費部份，竹炭商品的包裝主體為塑膠及紙袋，因產品而各異。而商品物流費計算方式，則是先比較兩國人均收入、兩國石油價格後進行換算。以我國FUSO 17噸級貨車為例，每公升可以約可以跑3.5公里。印度油價約為35 NTD/L，經換算後結果約為9.84 NTD/Km

店面租金若以孟買為例大約為480000—576000 NTD/平方米。人事成本估計12000 NTD/月，包含產品包裝人力、物流分配人力、店內雇員、銷售人員……，將依據印度勞工均所得而配與適當薪資。以台灣為例，一公噸的竹炭生產成本約為4000到6000台幣，而售價卻可高達50000 台幣，光初階加工就可創造10倍的利潤。

圖：印度知名藥妝店（方天賜提供）

宣傳策略與行銷手法

初期商品的定位主要是竹炭纖維織製成的衣物等，但由於印度民眾對於竹炭的認知相對較少，故以拓展他們的認知與增加商品的曝光度為初期重要目標。首先，我們希望在印度的大城市先創立一間店面，穩定相當量的客源，接著透過在人口流動性高的店家或景點寄賣商品來增加產品的曝光度。同時，配合著印度人喜歡看電影的習慣，於電影院進場或出場處發放毛巾、竹醋液等相關試用品，並於其他室內場合、封閉空間推銷有關去除異味的產品。在宣傳費許可的條件下，再找些有名氣的明星來代言我們的商品。

圖：於印度舉辦的台灣精品推廣活動及Show Girls（方天賜提供）

中期產品主要是生產相對精緻和價格偏高的商品，例如竹炭杯。為了延續大眾的關注度，可以開始進行媒體廣告、或利用電視節目贊助等方式繼續增加產品曝光率，此外，落實透過明星代言方式，吸引民眾購買，並藉由連續劇的拍攝，於劇中使用我們的產品促成間接性行銷。

同時，我們會著手觀光工廠的設立，於場內詳細介紹竹炭的製作過程、竹炭產品的優點、竹炭產品〈如竹醋〉的試用，並用分區的方式讓來的大眾更熟悉我們的品牌及產品。

後期產品屬於精緻路線。將產品定位於精品模式。我們將獨立設置相關精品店，並設計具有藝術性質，或是養生性質的產品。另外，我們希望將市場擴大，由印度轉往國際市場。故可結合好萊塢、寶萊塢等電影來宣傳，並利用印度相對低成本、低售價的優勢吸引鄰近市場，如中國、東北亞等。

台灣罩得住——口罩工業前進印度

何保葆、陳冠良、林詩雅、孔祥威、陳禹叡

口罩這項產品在印度市場到底有什麼樣的優勢？而台灣在這個領域又有什麼樣的強項？首先印度的空氣汙染以德里地區最為嚴重，其次是加爾各答、孟買等大城市。訪談中，就有一位是來自於德里，他認為德里的空氣品質真的很糟，的確很需要像口罩這樣的產品。而印度之所以會有這麼嚴重的空污問題主要是因為燃煤發電廠和汽車的增多，以及越來越多人們燃燒動物糞便來做飯，也因此，印度的大城市有特別嚴重的空氣汙染問題。

2014年5月9日的紐約時報(The New York Times)曾刊登一篇有關印度空氣汙染的報導。當中訪問了一位印度浦那胸科研究基金會(Chest Research Foundation in Pune, India)的博士，而他說了一段很有意思的話：「這太糟糕了，政策制定者和普通人完全缺乏這方面的意識。」從這段話可以發現印度的民眾普遍沒有關於空氣汙染這方面的認知，當地人戴口罩的其實非常少，也因此口罩這項產品在印度的發展具有很大的潛力。這篇報導還有提到一個很有趣的現象，全球大部分的人只把注意力聚焦在北京的空氣汙染問題上，卻忽略了南亞糟糕的空氣問題。

印度現在擁有12億人口，是世界上人口數僅次於中國的國家。如此龐大的人口代表著廣大的市場。而現在的印度就像20年前的中國一樣，經濟開始起步，也代表著當地民眾的消費力會逐漸提高。再加上印度人口結構年輕，若到當地設廠，不必擔心缺乏勞動力的問題。

分析台灣在製造口罩上到底有甚麼樣的優勢，可以簡單歸納為下列3點：

1. 產線自動化程度高
2. 推出創新的口罩材質
3. 技術已經成熟

圖：以圍巾代替口罩的印度人（汪尚柏提供）

台灣所發展的口罩產業已經成熟，並具有極高的創新能力。以下舉華新醫材集團（台灣的口罩公司）作為例子：

華新醫材集團是一家台灣本地的生產公司，目前的生產基地位於台灣、中國以及泰國等地，其下所生產的口罩曾通過國內外各項品質認證，並曾多次於各種比賽中獲獎（如2015年9月在台北國際發明展中摘下金牌、2014年在東京創新天才發明展拿下金、銅獎等）。

由這家公司作為例子，可發現台灣的口罩產業具有良好的創新能力，能夠不斷配合市場的需求，研發出新型態的口罩。

印度人觀點

由於印度天氣酷熱，所以當地像是感冒等等的疾病比台灣還少，也因

圖：新德里冬天常有霧霾現象（方天賜提供）

溫度居高不下，所以戴口罩的人很少，但是都市地區的空氣汙染相當嚴重，例如在：德里、孟買、加爾各答、清奈，這四個大都市中，因此這幾個城市將會是首要進軍的地區。但是在印度並非所有城市都有空氣汙染的問題，印度有許多城市被稱作「綠城市」，這些城市發展程度也很高，只是污染卻不多，所以並非所有城市都有大量口罩的需求。

在印度，語言的問題相當嚴重，這語言問題不是因為國外語言印度人聽不懂，而是印度國內的語言就夠多了。他們提到，同樣都是在印度，兩個地方所使用的語言可以說是全然不同，如果是外國人來甚至會以為他們來到了兩個不同的國度。因此無法想使用一種語言就在印度販賣東西，而是更需要善用當地人力成本較低的資源，多僱用會說英文的當地人，在該地區管理、製造、販賣口罩，利用當地人管理當地人，而不需要我們使用英文去管理，文化上的差異再加上雞同鴨講，效率會更差。因此善用當地人才，才可以輕鬆解決語言的問題。

在口罩使用的部分，要越簡單、輕鬆越好使用，不要有太多複雜的設計。以及在價錢部分，一個口罩5塊錢盧比（換算台幣為2.5新台幣），這個價錢應該是大部分印度人會接受的。接著將口罩分成三種等級，最高階的功能較多，例如：過濾空氣、防止病毒等等，可重複使用數日，可以賣50盧比，中階的功能較一般，賣25盧比，低階的只能過濾簡單的汙染物，賣5盧比等等，也是在印度銷售的一種方式。此外印度同學也建議如果口罩可以發展得起來，可以考慮做手套等等的相關衛生用品，因為手套在印度也很少看到，但是在農業上，手套可以防止蟲害，在餐飲業也可以更衛生，因此手套可以做為後期的發展目標。此外還有最好是到印度當地投資，符合「Make in India」的趨勢。

印度人民，無論是學生、工人還是公家機關人士都需要配戴口罩，但只有少數人真正有在戴口罩。即便是在空汙這麼嚴重的情況下，大多數人還是沒有察覺到戴口罩的重要性；更急需的是，印度人民在醫院裡面也無戴口罩的習慣，更容易產生病菌的傳染！印度人民不戴口罩跟口罩的取得難易有直接的關係：在醫院附近、學校附近、工廠附近，舉凡所有人多的地方都沒有辦法很容易、很直接地取得口罩。這更鞏固了我們想在印度賣口罩的構思。

印度政府現在積極的吸引外資，希望資本家都到印度開工廠，這能帶起印度的第一級產業以及第二級產業，這樣能夠讓印度迅速發展起來，印度還有很多地方是未開發的；以一個開發中國家來講最需要的就是資金的流通與投入。能在印度設廠的話，對印度政府是一件好事，對投資者而言，未嘗不是一件美事呢。在考慮完市場區位後，選擇好一個條件符合的城市來建造工廠，這能適當的減少投資成本，並且還能夠達到印度政府的期望。再者，印度人民，由學生所引導的愛國心，讓「Make in India」這個觀念盛行，在印度製造的產品會受到印度人民的支持。

我們嘗試以販賣機的形式銷售口罩，印度同學認為這是一個很好的賣點；首先，在印度很少可以看見販賣機，因此如果將販賣機擺到印度，會讓當地人有新奇感，也可以為產品加分。第二，販賣機所需要的成本不高，而且也可以放在所有交通樞紐上，例如：火車站、公車站、學校、工廠入口等等的地方，讓人們在上班時可以簡單地投入一個硬幣，然後就可以在前往工廠的路上使用。然而，也有印度同學持反對意見，認為這和印度的現象有關係；在印度，有很大部分的人是沒有受到學校的洗禮的，這會使得人們較無社會道德的觀念，這表示如果將販賣機設置在治安原本就比較不好或者是教育程度較低的地區時，販賣機會有很大的機會被破壞甚至被偷走！這讓我們重新考慮販賣機的問題，不過，很快的想到解決辦法：我們可以在公車站等人出入比較複雜的地方用店面的方式來販賣口罩，而教育程度較高的地方，就用販賣機來讓學生們購買；因此，銷售模式也必須考慮印度的多元性。

另外印度同學也反應若將口罩包裝成一打是賣不好的，因為印度家庭通常無法一次掏出那麼多錢來購買一打的口罩，盡量還是一個個口罩分開來賣，印度家庭會比較能夠負荷。而一個口罩的價錢，應該控制在5到6盧比才是可以接受的價格範圍。綜合這幾點考量，我們仍嘗試以一打包裝來販售，並以薄利多銷來促進消費慾望，且透過店面通路來販售，店面能夠提供更多樣性的選擇；而販賣機部分還是一個口罩為標準來販賣。

接著，我們先在學校提倡戴口罩的重要性。印度家長對自己孩子的教育以及健康都很在乎，若在學校倡導戴口罩的重要性，以及宣導不戴口罩的嚴重性，能有效的讓印度家長為自己的孩子多準備一些買口罩的錢，讓他們的孩子能夠戴上口罩上下學。這樣子能促進大部分的學生來買口罩，而剩下的社會人士看到大部分的學生都戴上了口罩時，他們就會去想戴口罩的必要性，這時我們只要適當地貼出標語，就能使他們也能來買口罩了。

總結以上印度人的觀點，對於在印度賣口罩，不論是南方人與北方人都十分的認同這是個好選擇，但是販售地點首先要瞄準在都市，也都主張到印度設廠，用印度當地資源，以達到目前印度所推行的Slogan：「Make in India」。口罩價錢也都覺得是5塊盧比最為得當。但在販賣機的部分相左的意見，最後決定販賣機的擺設地點可能不會擺在火車站等的公共地方，而是選擇在相對教育程度較高的學校附近。此外，在學校提倡戴口罩的重要性，也會比政策推行還要有效率，從教育方面下手，不僅是有助於印度本地衛生水平的提升，也可以提升口罩的銷售量，可以說是一舉兩得。

口罩的製成

市面上的口罩普遍都是由過濾布、耳掛和鼻夾所組成。過濾布一般由三層至四層布料構成，當中至少兩層由不織布所造，包括最外層，即接觸外界空氣一層，和最內層，即最靠近口鼻一層。而中間的夾層，通常只有一層是所謂有效過濾層，此層用料不定，視乎價錢及用途，例如專門過濾細菌與專門過濾塵埃的就不一樣，而且某些高級口罩，其專利就是在於其有效過濾層的用料和構造。四層的口罩與三層的相異之處，通常是四層口罩的夾層中，在有效過濾層後再加一層不織布以提升過濾效果。耳掛則由氨綸(Spandex/Lycra)和聚酯纖維(Polyester)兩種布料構成；而鼻夾就是一塊鋁片。口罩原料基本上都可以輕易在印度當地找到或生產。

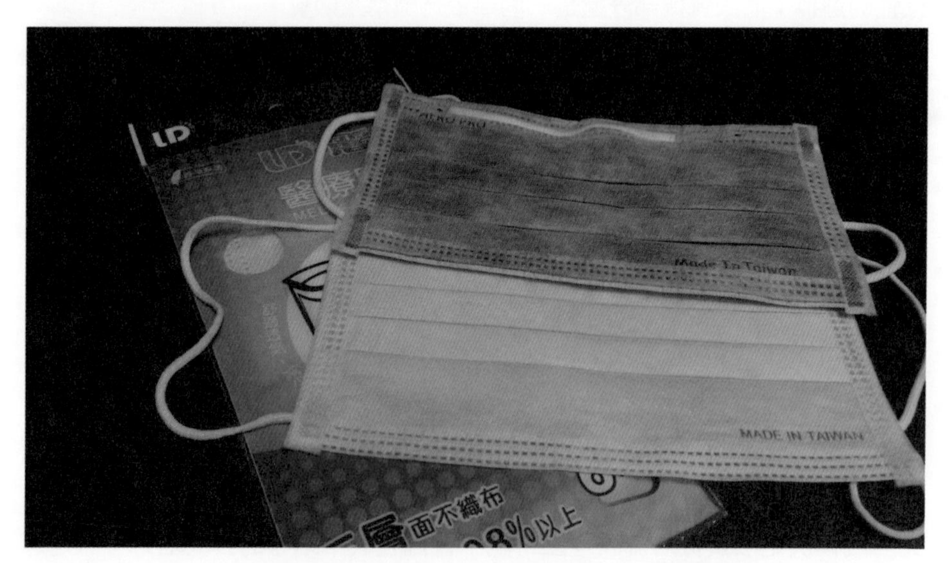

圖：台灣製造(Made in Taiwan)的口罩（方天賜提供）

不織布用途廣泛，衍生產品種類繁多，常見於日常生活用品，除了其作為「布」的功能，例如消毒濕紙巾、抹布等，其韌性及過濾／阻隔功能更為顯著，例如用作過濾茶／咖啡、製作沙包、環保袋等。而且不織布價格便宜，反映生產成本低，原材料容易取得。而印度正正是亞洲其中一個大型不織布生產國。以下是亞洲不織布聯會(Asia Nonwoven Fabrics Association, ANFA)最近（2013年）的資料。從表中可見，從2008年開始，印度的不織布產量有增無減，並在2009年和2013年分別超過台灣和南韓後，已經成為中國和日本後的亞洲第三大不織布生產國。因此，印度應有足夠不織布原料供應作生產口罩之用。

表：亞洲國家不織布生產趨勢

亞洲國家不織布生產趨勢（單位：噸）（2013）								
	2006	2007	2008	2009	2010	2011	2012	2013
日本	329,752	338,281	338,436	283,378	313,417	313,020	320,926	331,491
南韓	210,795	213,605	214,836	220,160	224,854	233,161	226,223	217,174
台灣	144,000	160,038	150,033	140,075	149,954	164,797	130,492	153,147
中國	966,000	1,150,600	1,347,000	1,685,000	1,879,000	2,054,700	2,163,000	2,387,000
印度	-	-	135,000	162,000	175,000	186,250	222,640	252,494
其他			132,000	130,000	140,000	145,000	152,250	168,000
總數	1,650,547	1,861,984	2,317,305	2,620,613	2,882,225	3.096928	3,215,531	3,509,306

活性碳以吸附力強聞名，常見於家居產品，例如防潮除臭產品、濾水器、空氣濾網、甚至洗面乳等等。而這功能也使其應用於口罩的過濾層，尤其是專門過濾灰塵的口罩。活性碳原材料十分廣泛，大致可分為植物原料和礦物原料，分別以椰子殼和煤為代表，以下將介紹數款常見生產活性碳原材料。

根據聯合國食物及農業組織(Food and Agriculture Organization of the United Nations, FAO)最近（2013年）的數據，印度該年椰子產量達9,614,960噸，是全球第二大生產椰子的國家，僅次同年產量16,280,381噸的印尼。根據印度椰子發展局(Coconut Development Board)（2012～2013年度）的數據，可見印度椰子產地主要集中在南部（下表前4州分），較次要的在東部的Odisha和West Bengal：

表：印度椰子產量及種植面積

2012～2013年度印度椰子產量及種植面積			
州分	產量（百萬顆）	面積（千公頃）	生產力（量／面積）
Tamil Nadu	6917.25	465.11	14872
Karnataka	6058.86	513.10	11808
Kerala	5798.04	796.16	7264
Andhra Pradesh	1933.07	128.90	14997
Odisha	380.93	54.29	7017
West Bengal	369.31	29.20	12648
全印度	22680.03	2136.67	10615

（註：只列產量最高6個州分）

除了椰子殼之類的堅果殼，另一常用作生產活性碳的植物原料是木碳。根據聯合國食物及農業組織數據，印度木碳生產在1992～2001年間不算出色，年均一百五十多萬至一百六十多萬噸產量。但從2002年開始，到2013年間大幅增加至年均約二百八十萬噸產量，使其成為1992～2013年間年均木碳產量第五名。由此可見，印度有穩定而足夠的木碳作為生產活性碳的原料。

主要用作生產活性碳的煤是褐煤。根據世界煤炭協會(World Coal Association)最新（2013年）數據，印度為世界第三大產煤國（2013年產6億1300萬噸），當中褐煤佔4500萬噸，排全球第八。印度最大的褐煤開採商是國有的Neyveli Lignite Corporation，其開採地位於南部Tamil Nadu州。

聚酯纖維和氨綸是尼龍(Nylon)以外的兩種極常見的人造纖維，而兩者都被廣泛應用在生產運動服裝上。聚酯纖維被採用之原因在於其透氣性，自然滿足了運動服裝速乾、輕巧的要求。氨綸由聚氨酯(Polyurethane, PU)和聚酯纖維合成；採用氨綸是因為其彈性，常見於單車、體操、排球、游泳、舞蹈等運動的服裝。襪子正是一個好例子：聚酯纖維提供透氣性能，氨綸提供彈性；而口罩的耳掛有其彈性就是源於氨綸。

根據印度化學及石化品部(The Department of Chemicals and Petrochemicals)2014年的報告，於2012～2013年度，印度生產聚酯長纖絲(PFY)177.6萬噸，淨出口約60萬噸；聚酯短纖維(PSY)產量101萬噸，淨出口約16萬噸。可惜，聚氨酯方面，印度聚氨酯協會最近數據只到2009年，該年聚氨酯年產19萬5千噸；但根據該機構網站轉載之報導（2014年），印度聚氨酯市場以每年20%增長率擴張，估計生產力已經有所提升以應付市場需求。再者，例如，市面上的襪子一般只含1～2%氨綸，貼身運動褲（如Nike Pro）才含有20%氨綸。即使印度聚氨酯產量存疑，但口罩生產其實只需極少量氨綸，對整個計劃影響不大。

表：印度鋁產量

國家	產量（千噸）			
	2008	佔全球比率(%)	2014	佔全球比率(%)
中國	13,695	34	21,481	43
俄羅斯	4,191	10	3,712	7
加拿大	3,124	8	756	2
美國	2,658	7	1,754	3
澳洲	1,978	5	1,727	3
巴西	1,661	4	1,684	3
挪威	1,383	3	1,195	2
印度	1,348	3	3,958	8
杜拜	899	2	1,026	2
其他	9,194	23	13,042	26
總量	40,131	100	50,335	100

另外，根據印度鋁協會(Aluminium Association of India)截止2014年的數據，印度的鋁產量從2008年的1,348,000噸，佔全球鋁產量3%，到2014年增加至3,958,000噸，佔全球鋁產量8%，並取代了俄羅斯成為全球第二大出產鋁的國家。因此，印度理應有足夠鋁片作生產口罩之用。

從以上分析可見，生產口罩的原料可以從印度當地取得，這一方面表示印度可以在生產口罩上自給自足，降低生產成本。而另一方面，這種自給自足更大的意義在於它符合了日漸成為潮流的所謂「Make in India」精神，使本計劃不論在生產還是銷售上更容易推行。

銷售模式

以下將由三個角度探討口罩主要的銷售模式，分別為：販售城市、設點位置、行銷策略。再循序漸進，掌握販售城市的人口、氣候、主要語言、產業結構，設點位置與其所對應的目標族群，行銷策略下，分為兩大類，其一為與政府合作，其二為廣告可參考的數據依憑。

有鑑於目標主要為在印度佔有四億人口的中產階級，決定將點設在人口集中的大城市。其中，鎖定在孟買、德里、加爾各答、清奈，印度的四大都市，為主要最終的選擇，其所具有的要素為：

人口方面：印度的大城市，人口即為市場，若能夠充分掌握印度人口，將群眾引領而為消費者，購買口罩，便能創造遠遠超過台灣兩千三百萬人的市場。四個主要城市，甚至還不包括周邊的都會區，就可以帶來三千八百萬人的商機。不需要求大，只要把握住重點城市的銷售即可。

由氣候資訊可以看出，加爾各答和德里，因為位於較北方，故冬季仍偏低溫，也較容易有流行性感冒和生病的客戶群，而孟買與清奈，由於全年高溫，較不會有此類型的客戶群。不同城市其主要語言都有英文與印地語，廣告文宜可因地制宜，使用多個城市主要的語言書寫，以達到市民儘量能看得懂宣傳的目的；而其他計時廣告，如電視廣告、廣播等等，拍攝或錄製時，就以四個城市皆為主要語言的英文與印地語為主。

產業結構方面，孟買有石油化業、加爾各答有石化產業、清奈有重車廠、德里有能源類型產業，外加大量人口所使用的交通工具所排放的廢氣，使得四個大城市都有嚴重的空氣污染問題，帶出另一個目標客群——空氣污染受害者。當然，四個城市也有空氣污染的排序，如：清奈，就是空氣污染相對於其他三者較輕的地區。

販售地點選擇在交通樞紐、學校校園、醫院出入口。交通樞紐處通常伴隨著大量人潮，我們認為對於上下班或上下學路過的人群，將會塑造非常方便取得口罩的感受，隨手也可買一個口罩戴著不用特別繞路。將會設置於四個城市皆有的交通運輸工具轉乘處，如：公共汽車總站、火車站、又或者是個別城市的特殊運輸處，如：德里的地鐵站、孟買與清奈的城市快線、加爾各答的路面電車車站。學校校園主要以「習慣從小培養起」，搭配學校宣導，打入學生生活所需用品之列。醫院出入口，目標族群為出入醫院的病患與家屬，消費者可於出入口處購買口罩，避免二度感冒或是陪同者預防感染疾病之用，一次性使用的口罩也可在使用後立即丟棄於醫院垃圾桶，降低進出醫院的民眾染病的風險。

因為印度嚴重的空氣汙染，以及惡劣的衛生習慣，因此在印度賣口罩從訪談中的結論來看確實是可行的，而且從原料皆可以在當地充分的取得來看，更是可以讓口罩業前進印度的可行性大大的加分。雖然說戴口罩這個習慣要在印度的人民心中植入，但根據美國行為心理學家雷須利(Karl Lashley)研究，一個習慣的養成要花二十一天，堅持二十一天後，不用提醒也會照著新的習慣走。雖然印度人目前對於戴口罩的認知仍有待加強，但是只要配合政府與自身公司的大力宣導，必能使得印度人漸漸養成戴口罩的習慣，成為消費族群的一環。同樣想想台灣早期，衛生習慣也是相當不好，可是在政府大力地推行外加知識抬頭後，戴口罩已經是司空見慣的事了，因此要在印度建立起這樣的習慣，並不是不可能的。

圖：地鐵站外的停車場（方天賜提供）

第二單元：文創產業

「華」進印度——印度華語教學市場

呂玉婷、張瓊羽、詹承諭、李名耀、陳永慶

到異地做生意，第一個考量是當地是否有需求，有需求才有市場。起初以印度電力供應不穩定，導致難以保存新鮮食物，由此開始思考相關的產品，像是乾燥蔬果沒有電力、沒有冰箱也能儲存，或者是抽真空裝置可以延長食物的保存時間等相關類型產品，那台灣有甚麼優勢不會輕易的被取代、模仿？幾經思考，我們選擇了最不輕易被取代的優勢——華語教學。

首先，以華語作為日常溝通語言的國家只有中國與台灣，而中印關係緊張，因此印度學華語的第一選擇就是台灣，再者台灣擁有良好的教師制度，有師範大學及完善的教程制度培育優良教師，師資堅強、實力充足，台灣絕對是最佳選擇。因為印度人口基數大，願意學習的人數相對多，且不論是外交及商業上，印度很明顯地有大量華語的需求，不只是外交人員、商人，甚至印度三軍、學者也都需要學習華語。

經過多次訪問印度留學生，我們瞭解到外國人在印度登記並開業立案的法律過於繁瑣，然為了達到效率以及符合經濟效益，於是決定與當地已有合法營業執照且正在經營的才藝補習班進行合作，試圖將「華語」晉升為才藝選項之一。

以印度首都新德里的才藝補習班作為合作夥伴，而主要教授對象為印度的國中小學生，也就是印度當地1到10年級的學生，年齡約6到15歲，並更加鎖定在高薪資收入家庭的小孩，印度高收入家庭經常在課後將小孩送入才藝補習班，學習藝術、運動等才藝，因此將華語納為才藝選項，以這些原才藝補習班的小孩為課程目標，一方面是方便行銷，另外一分面也確定學童家庭的財力。不以成人或是大學生為授課對象的原因有下列兩項，第一為目前尚未有針對國中小的學生實行華語教學，且可以透過語言的教學灌輸小孩對台灣的友好印象。第二為印度政府開設華語作為高中第二外語的選修課程，因此若國中小期間有接觸華語課程，在高中則可以銜接華語作為第二外語。

針對學生的華語能力分類到適合班級，分為(1)初級：從未學過華語，零起點的學生(2)中級：已有基本華語的學習，更進一步加強學生聽說讀寫能力(3)高級班：主要是為了超過中級程度的學生開設，對字詞、字義深層了解與應用。並以測驗模式晉級。我們以漢語拼音加上注音符號進行雙軌教學，鑒於國際趨勢，漢語拼音是學習華語的必要工具，搭配上注音符號的教學，學生能更容易掌握華語的自然發音及準確性，漢語拼音及注音符號的同時學習，能讓學生在華語學習上更有效率及成果。為了顧及學生的學習效益，學生或是家長對於華語教學內容有特殊需求或欲加強口說能力，另外也有一對一的直接面授課程可以選擇。

以補習班學習華語的學生為對象，接著預計與國立清華大學的華語中心合作，舉辦來台灣的華語暑期營隊，初期規劃為期約兩個禮拜，藉此透過實際參訪、親身體驗，跳脫課本形式進行多元學習。課程內容除了在清華大學校內的華語課程學習，以及文化體驗課程，還有最重要的校外教學體驗。如文化體驗課程，會安排例如：請捏麵人師傅教學捏麵人、動手製作麥芽糖、糖蔥或是糖葫蘆等台灣古早味零食，以及打陀螺、打彈珠等遊戲體驗，接下來的校外教學，將以學生有興趣的夜市為主，並藉此機會從旁協助並鼓勵同學開口與當地攤販對談，試圖親身體驗學習成果，且將安排課業輔導時間。

計畫募集清華大學學生擔任華語暑期營隊助教，輔導學生確實學習華語課程中的授課內容。營隊期間除了建立扎實的中文基礎與豐富的課程內容外，我們會將學生安置於清華會館住宿，不僅能遊覽知名大學，更能讓家長對於學生的住宿環境放心。參加暑期營隊不只能與當地人對談、體驗在地生活，更能使學生更富有國際多元文化，並建立國際觀，對於學習華語更富熱忱。

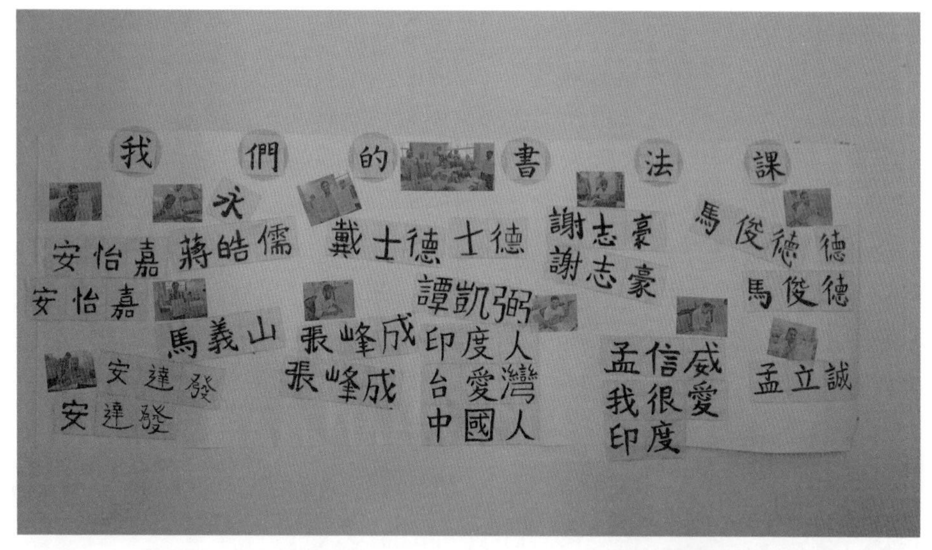

圖：印度台灣教育中心學生的書法（方天賜提供）

印度華語教學發展現況

印度現有的華語教學市場主要是中國大陸教師，對於台灣進軍印度的語言市場是一大挑戰，不過了解他們的作法對我們是有好處的。現今中國最大的華文教學組織名為「孔子學院」，客群遍佈世界各國，利用中華人民共和國在國際上的地位，進行華語推廣教學，主要教學內容為簡體中文，在許多國家皆有設置據點，主要位於大學當中。

印度國內目前有2間大學設置孔子學院，一間是位於印度南方的維羅爾科技大學(Vellore Institute of Technology)，另一間則是位於孟買的孟買大學(University of Mumbai)，前者自2009年4月開始運作，後者則於2013年7月揭牌。兩者皆由中國大陸國內大學協辦，每年都有不少交換學生，逢年過節固定舉辦中國風的活動。

維羅爾科技大學孔子學院為印度國內第一所孔子學院，院內有許多中國派駐教師，除了基本的上課，他們也時常因應中國的節日舉辦相關活動，像是元宵猜燈謎、說故事這類具有歷史意義的文化活動，另外也有春節晚會這類較為新穎的慶典。此外，孔子學院主辦的漢語橋世界大學生中文比賽也成為了學院學生的成果發表會，其內容不僅僅是聽說讀寫，包括中國風的才藝競賽，甚至是演講、即興問答等多方面的能力評比。為了在比賽中拿到好成績，這些學習中文的學生充滿幹勁，使得這些課程的教師供不應求。2014年8月，中國漢辦派遣3位志願者至維羅爾科技大學，顯示未來孔子學院的外派人員可能以志願者作為選項，而非官方特別培養外派人員，如此可以降低資源的使用，同時避免外派人員不滿。

圖：印度中學積極與中國交流（方天賜提供）

在孔子學院的網站上有許多教學資源可以利用，比方說，線上課程提供中國的教師，線上直播課程，除了初級的華語外，還有說故事、講歷史、聊音樂、作料理，內容包山包海，可說是把中國文化透過網路呈現給世界各地的觀眾。另一方面，他們也十分講究書面學習內容，除了學習認字寫字，還要閱讀美食、旅遊、戲劇、醫藥、歷史等等文章，甚至還有麻將、餐桌禮儀的文章可供閱讀。就一個線上學習網站而言，孔子學院在這方面可說是相當完備。

除了教學之外，孔子學院也承辦了新漢語水平考試(HSK)——國際性的中文分級考試，包含互相獨立的口試與筆試，口試採錄音方式分3級，筆試分6級，幾乎每個月都有考試可供報名。網站上架設有模擬考試可供考生準備，也公布許多考試相關資訊。由於孔子學院為中國國家漢辦協辦，因此可以不斷增加規模，而HSK也成為中國官方公認的認證考試。許多留學生、外商都被要求具有某些程度的中文能力證明，此時HSK便成為必須的經歷之一。在這樣的要求之下，更加驅使外國學生到孔子學院學習中文並且應試，有效增加學院學生人數。

印度國內的華語教學市場漸漸崛起，許多印度國內的家教網站上仍有許多人尋找著中文教師，然而需求太多、供給太少，有足夠中文能力的家教老師依然不足，而最熱門的華人本國教師更是稀有的搶手貨。印度官方對中文的重視度不斷提高，中央輔助教育部(Central Board of Secondary Education, CBSE)這幾年大力推廣中文的重要性，苦於印度國內沒有能力大規模實行中文教育。2014年初，CBSE委任22位華人教師派駐22所學校作為華語教學的起步，若試驗成功，未來勢必增加名額。

目前印度國內僅有孔子學院，呈現類似壟斷的競爭模式。倘若台灣在此能有所作為，在印度建立一個中文教學組織，不用擔心沒有生意，需要考量的是我們能否建立一個與孔子學院同等或是在其上的完整組織架構，或是教學面向包含中國技藝如京劇、潑墨山水畫等不需與孔子學院正面競爭的課程，如此便能不造成衝突地在印度國內發展。

以下比圖表說明台灣在在印度設華語教學中心的優勢以及市場機會，證明華語教與這項投資的可行性：

表：SWOT分析

S優勢： 1.富含文化基礎的正體字 2.歷史典故 3.豐富的教學資源 4.台灣當地有教師執照的華語老師 5.華語教材	**O機會：** 1.中印關係較差 2.中國孔子學院僅兩間學校 3.印度是較少有中國籍華語教師的巨大市場 4.印度政府在高中開設華語作為第二外語的選修課程
W弱勢： 1.相對目前的華語補習班較晚進入市場缺乏認同度及名譽 2.正體字相對簡體字較難，降低學習意願	**化危機為轉機：** W_1：採用與當地知名補習班進行合作方案，同時具備基本的客源——原補習班學生。 W_2： (1)簡體字的未來性尚不明確，中國近期開起許多教學革命，恢復正體字教學趨勢仍有可能性。 (2)由正體基礎學習簡體較容易，同時正體字可藉由字體結構的基本法則了解、記憶。
T威脅： 1.台灣的相關政策積極推廣華語教學，卻不重視外派老師到印度教學華語的機會 2.目前印度學生學習之華語主要以簡體字為主 3.外地人在印度開設補習班立案困難 4.目前簡體中文使用人數遠多於正體中文 5.中國籍教師的數量增加	**解決方案：** T1：直接與台灣當地的教師團體合作，提供完整的配套方案提高老師外派印度之意願。 T2：我們以正體字為主，簡體字為輔 T3：與當地補習班結盟合作開設華語教學課程 T4：強調正體字的前瞻性及歷史性，同時與人文、藝術結合 T5：我們必須確保我們的師資資源，滿足印度當地的華語教學需求

我們將行銷對象分成3大目標：補習班、家長及學生。透過三者間互相的利害關係行銷推廣華語的重要性，達到市場需求增加。

首先針對補習班，基於我們是尋找合作對象的立場，我們必須先提出這項合作案的可行性、市場範疇、利潤分配。在印度的人口比例當中，孩童的比例依然在增加，對於目標放在國中小學生的我們這就是一個最大的黃金市場，加上印度富裕家庭盛行讓小孩學習才藝，所以我們須先將華語包裝成一項才藝，再透過當地補習班宣傳，可以大幅增加學童參加華語課程的意願。除此之外，目前當地皆以簡體中文為教學主流，我們則是以正體中文為主，於是和我們合作便可立即建立市場獨特性，和現有的市場做出區隔，畢竟正體中文是唯一完整保留漢字演變及建立特色的文字，並非簡體字所能夠取代，就算要辨別簡體字也相對容易。而且我們的師資都是源自台灣本地擁有教師執照的老師，教材則採用教育部指定的華語教材，對於學習華語的效果都有顯著的幫助，這些都是和我們合作的最大優勢，假若此課程符合我們的預期，對當地該補習班的名譽亦會有所提升，也是一份合作企劃最重要的環節——讓雙方獲利也獲益！

第二個行銷對象——家長，天下父母心，為人父母者，面對競爭激烈的地球村，何嘗不希望自己的小孩有嶄露頭角的能力呢？所以我們會向家長提出華語教學對小孩競爭力的影響、當前企業徵才的目標以及未來求全趨勢，讓他們知道他們正在為小孩做正確且極具前瞻眼光的選擇，抓住家長的心理。不可否認，中國的消費能力及潛在的市場，在國際之間的重要性日漸增加，是所有跨國企業都覬覦也前往投資的市場，因此華語交流成為不可或缺的能力，也是繼英語之外各企業最嚮往的一項技能，或者更遠觀的情形就是當中國企業前往印度投資時，華語就成為一項避免不了的技能。同時，華語是全球當前除了英語之外最為熱門的第二外語，加上當地的Hindi目前是全球第3大語言，印度也被認為是下一個中國市場，屆時印度將成為企業眼中的投資主流和主要市場之一，若是能夠同時會這大語言，可謂集世界主流語言於一身，讓我們細細思考，若你是一位企業主，你有可能會輕易讓這樣的人才從你面前走過且失去他嗎？相信答案不言而喻！

圖：印度家長參加校園活動（董玉莉提供）

我們也將和當地知名補習班開設大型且高級的宣傳會，吸引富裕家庭的注意，同時也讓原本就在補習班的家長注意到這個嶄新的課程，同時給予他們特別的優惠，提升他們讓小孩上華語課的意願，也會拉攏在科技公司上班的員工，或是華人社區，畢竟華人在當地就是一項很好的宣傳方式，除此之外，也勢必讓家長瞭解我們和其他補習班的差異，師資、教學內容及教材都是我們最大的特色，也試過人之處，並引導他們選擇在此學習。

第三個行銷對象——學生，雖然對學生行銷可能是效果最差的也同時是具備影響力的一環，假若一位小孩有心想學習一項新的才藝或語言來提升自己，有多少家長會反對呢？只要小孩有心，身為家長的大多會支持，因此這也成為一個有效力的行銷策略，或是當許多富裕家庭的小孩都有參與華語課程時，同學之間的影響力，會促使其他學生增加其學習華語的意願。

圖：印度小學上課情形（董玉莉提供）

除了三個主要的行銷對象，我們還會有隨機行銷方式，以在學校、補習班門口及住家發放傳單和網路平台兩個管道，宣傳單上將會說明學華語的優勢及好處，也會說明我們的華語教學相對其他補習班的獨到之處，此外宣傳單也提供試聽試上的機會，也先行為學生分級，以建立學習華語的意願，網路平台則會透過facebook粉絲團打卡按讚的方式進行優惠，以提高補習班能見度，以便捷且低成本的網路進行宣傳。

從招募老師到與印度補習班合作，我們一手開通市場的需求及供給。針對師資來源問題，利用台灣一直以來的一個現象——流浪教師，每年台灣總是有許多流浪教師，由我國專業師大培養出來的精英教育人才，卻因為台灣少子化現象導致許多優秀的教師找不到工作，我們想從這些流浪教師中徵選願意到印度教學的老師，培訓他們成為具有華語教學能力的老師，且了解印度學習華語的方法及教學模式。再來和印度的補習班談待遇，以每位教師一個月簽約金7萬元台幣作為收費基礎。

針對教師意願方面，第一步提供每個月4萬月的薪水，藉此提高海外求職的意願，現今社會中，薪資是大部分人的很重要的考量，尤其是要遠赴印度教學，薪資是吸引人才的誘因；第二步則是針對教師在印度的住宿與人身安全問題，大部分的台灣人都受到電視新聞的影響，對印度的安全治安有疑慮，可能會因此卻步，所以這方面我們會安排在治安比較好的住宅區，並且營造教師良好形象，使得當地居民能與我們的教師有敦親睦鄰的效果，間接保護了教師的人身安全，此外宣導印度的治安其實並沒有那麼差，提升教師去印度的意願；第三步我們要考量到台灣人到印度的飲食習慣，畢竟根據馬斯洛需求層次理論，最低層次就是生理需求，如果在飲食習慣上面無法適應的話，很難在印度生活下去，嚴重影響教師在當地繼續教學的意願，所以我們會安排教師們居住在比較多華人的地區，較好融入當地生活，飲食習慣上也較能偏向華人口味，使得教師能在舒適的環境下教學，無形中增加教師的教學品質。

預估跟每位教師一次簽下一年的合約，如果合約到期可以讓教師自由選擇是否繼續留下繼續教學，此外我們希望建立評鑑制度，以一個月為基準，每個月由補習班與學生進行問卷調查，一年後合約到期，除了教師是否自願留下，評鑑的結果也是我們決定是否續聘的一大因素，畢竟我們希望能建立台灣華語教學在印度的地位，行銷屬於我們專有的品牌。

至於在專業用書部分，打算使用教育部核定課本，相信以台灣華語教學的經驗，指定用書能使學習效果倍增。至於書籍的運送，我們希望能與書商合作，藉由我們在印度大量的訂書來壓低我們運送書籍的成本，藉以壓低我們經營上的開銷，讓我們能更專注在培養出優秀教師的成本上，以我們培養出的優秀教師打入印度各個大大小小的補習班，以創造最大利益。

圖：設於印度國立伊斯蘭大學內的台灣教育中心（方天賜提供）

接著計畫辦理印度到台灣的暑期遊學營隊，希望除了讓印度小孩在印度當地跟教師學習華語下，更藉由到台灣旅遊能夠了解台灣當地的風土民情且能夠練習平常所學的華語，而我們不只希望能帶印度的小朋友來到台灣參加營隊，更希望能把家長也一起帶來遊覽台灣之美，為台灣的觀光帶來更大的收益。

首先，將小朋友們帶到清華大學，先帶領他們遊覽清華大學，讓他們對清華大學留下好的印象，相信未來在大學選擇留學時能夠回憶起清華大學的美好回憶而選擇清華大學，而清華大學也能招收到從印度來的頂尖理工科人才，此外，我們希望能與清大華語中心合作，由華語中心來授課，特別著重於人與人之間的對談與交流，而這段時間，我們會帶家長們到台灣知名景點遊覽，行銷台灣的觀光，不僅如此，我們還是會安排一些比較入門的簡易華語課程給家長學習，希望能激發家長的興趣，這不僅能讓家長們有活到老學到老的精神，對正在學習的小孩如果能在家裡偶爾練習一些華語我們相信效果一定會更好，讓家長與教師都能創造雙贏，如果家長們反應良好，我們也會考慮在印度開設成人課程，但不會像小朋友這樣從基本學起，我們會比較著重在對話與聽力上，讓他們能在短時間內能進行簡單的對談，一起享受與小孩學習華語的樂趣，將華語拓展到其他年齡層，使得華語在印度能夠日漸茁壯。

商業模式

先設定的對象是印度的國中小學生（約6～15歲），且有學習華語的需求及財力，從首都新德里文教區、華人社區，推行學習華語的競爭力並且推廣正體字的重要性，合作夥伴為印度新德里的補習班，增設補習班一門才藝——華語，讓華語成為學生爭先學習的能力。關鍵合作對象除了印度補習班，華語老師及書商也是我們的關鍵性資源。

最後除了有想法很重要，更重要的是了解我們的客戶的需求。台灣有供應的實力，印度有需求的市場，下一步是要了解印度文化，才可以在當地如魚得水運作順暢。具瞭解印度認為學習華文能夠提升職場競爭力，將來可以找到更好的工作。但現今印度當地教中文的老師大多是當地人，若能同時擁有當地的老師負責講解文法，以及外籍老師訓練聽力和口說，學習華語將會事半功倍，可見華語師資在印度的重要性與需求性，也可以想像華語將是印度國內未來新的學習趨勢。

表：規劃商業模式

關鍵夥伴KP	關鍵活動KA	價值主張(VP)	顧客關係(CR)	顧客區隔(CS)
印度補習班 印度中小學 台灣華語教師 台灣書商	印度補習班合作 推廣學華語優勢	正體字讀寫數學 華語聽說能力 雙語情境教學 提升學童競爭力	因材施教 分級認證	年齡約6～15歲 有學習華語需求 高薪資家庭小孩
	關鍵資源(KR)		通路(CH)	
	補習班教育 華語師資		補習班內部推廣 中小學外部宣傳	
成本結構(C$)		營收模式(R$)		
印度補習班洽談費用　行政管理費用 對家長、學生行銷費用　招募培訓教師費用 教師住宿及薪資費用		補習班收入 學費收入		

印度好聲音——這是karaKTV

陳重光、林冠廷、尚俊霖、蔡奇芝、陳宣榕

所謂的karaKTV就是將以前傳統的卡拉OK與KTV做結合，保留卡拉OK開放式的娛樂環境和KTV盡情饗宴暢飲，將兩者的特融合，進軍印度市場，而選擇karaKTV的原因有以下幾點：

首先，取決於印度人愛唱歌愛跳舞，如果能在印度開設karaKTV的娛樂市場，想必能獲得印度人民的青睞，並促使印度人前往消費；再者，由於目前印度國家的KTV店家尚未成形，利用這點創新的優勢，吸引印度人前往消費，藉此給予印度人耳目一新的感覺，這點也是我們在印度開設karaKTV的理念與初衷。由於印度的休閒娛樂種類不若台灣的多元性，除了夜店與pub文化之外，karaKTV更可以提供另一種娛樂的模式與空間環境，讓他們毫不拘束的放鬆自己，且這也剛好符合先前所提到印度人好歌好舞的天性。

最後，音樂是無遠弗屆，不分國度的，除了曲風需要因地制宜之外，音樂在印度並不會被排斥。綜合以上幾點，karaKTV的優勢是印度人喜歡唱歌跳舞；但劣勢則為台印的文化差異，以及音樂的版權取得的問題，還有最重要的就是晚上客源減少，因為在印度女顧客會考慮自身的生命安全，造成夜晚女客源下降，減少消費；我們的機會點則是在印度休閒的產業逐漸成為趨勢且印度國民所得持續上升，這說明印度人有一定的經濟能力，可以從事娛樂性質的活動；而威脅點則是進軍印度市場後，將面臨經營模式被抄襲的危險，且由於文化差異，印度人民可能不買單。

經過以上的分析，在印度開設karaKTV成功與否，取決於獨創性，才能開拓成功市場，評估在印度開設karaKTV產業的風險，經過分析，對於劣勢及威脅須找出解決的方法來改善。首先，在台印之間，有著語言和文化的差異，為了融入當地，需要找出當地人的喜好，分析印度熱門音樂排行榜，尋找當地較喜愛的歌曲風格及較有名氣、人們喜愛的歌手，根據當地人喜愛的歌曲去訂做一份歌單。接著，對於音樂版權取得的問題，因為在印度不管是參考書、音樂等，版權的取得不易，所以可以利用和唱片公司合作，以互利的方式合作，在karaKTV裡幫唱片公司宣傳他們歌手的歌曲，以達到讓顧客聽見的目的，而唱片公司可以提供我們歌曲的來源。

再來，面臨被抄襲的問題，由於我們是第一個在印度開設karaKTV的，加上KTV產業在台灣已經有相較先進的技術以及發展，所以有足夠的經驗來經營，這些優勢得以在當地建立起口碑，提高在印度的知名度，藉由這些因素，使當地的民眾對我們的產業產生信任感，此後若有別人想要抄襲這項產業，我們將有較堅強的實力與基礎，有信心繼續保留住我們的客源，加上透過定期實施員工訓練，使我們的服務品質可以持續提升，讓顧客可以有賓至如歸的感覺。另外，我們也會不定期的舉辦一些活動，像是會員制、優惠活動等，實施會員制是為促進顧客們的消費慾望，因為有些顧客只差一些點數，就可以變成會員、享受優惠，他們就會有一個強烈的動機，吸引著他們來再次光顧。而優惠活動是根據不同的節慶、身分或是生日壽星優惠，提供不同優惠價格的福利。

除了利用這些活動以外，解決抄襲問題最根本的方法是軟體以及硬體設備的持續提升，店中的歌單和設備需要定期的更新，隨時跟上印度最新的流行和當地人的喜好，才能夠避免漸漸被時代遺棄、被顧客們淘汰、被同行業者打敗的命運。最後卻是最重要的，必須要讓印度人認同與接受我們的產業，因為印度的民族風格比較保守，許多當地人比較難以接受一些新進的產業，對於這個難題，我們必須利用多加宣傳，慢慢的讓當地人可以接受我們這個新進的產業。

圖：旅台印度學生的歌舞表演（方天賜提供）

中國為例

由於KTV是台灣獨特發展出的創新產業，目前外銷到的國家有限，在印度更是未見其蹤跡。然而，我們相信音樂無國界，縱使語言不同，但如同台灣人愛唱中文流行歌曲，難道印度人就不愛唱印度當地流行音樂嗎？只要愛唱歌，我們的karaKTV就存在商機。

圖：印度歌舞表演（方天賜提供）

縱使不像其他產業能參考前輩們進軍印度的前車之鑑，要引入karaKTV進入印度，就要先從之前進軍的少數國家中尋求可能會遇上的問題以及經驗，而在這些國家中，中國大陸絕對是我們在建構進軍印度市場的模型中最重要的一個參考點，因為中國大陸與印度實在有太多相似之處了。第一，以人口方面來說，兩國的人口數同樣龐大，也擁有相似的人口結構。第二，以經濟方面來看，印度與中國大陸同為金磚五國，經濟能力同樣在直線上升，國民的消費力和消費水平極為接近。第三，印度與中國大陸同文古文明大國，所以對於新的外來事物的接受度是值得我們參考的。第四，也是最為重要的一點，中國大陸與印度一樣，在台灣引入前，兩國皆尚未存在此項產業。所以，我們不會說進軍印度是百分之百進軍中國大陸的翻版，然而，在汲取經驗方面，中國大陸絕對是不可或缺的參考指標。先從相似點切入，把進軍中國大陸時所遇上的問題及瓶頸解決，再根據兩個國家的風土民情、語言文化、消費習慣等做出適當的微調，以期能在進軍印度市場時僅承受最低的風險。

我們以台灣知名KTV品牌，也是第一家進軍中國大陸市場的「錢櫃」舉例。「錢櫃」曾經是大陸KTV行業的開創者和領頭羊，它使「K歌」（卡拉OK）這種娛樂形式走進了城市的各個角落，而「去錢櫃唱歌」一度也是都市青年們的重要娛樂和社交方式。但蘋果日報2015年1月29日的一則新聞中，可以很明顯的看出這幾年台商在中國大陸經營KTV由一枝獨秀至百家爭鳴、如履薄冰。錢櫃曾是台灣最大連鎖包廂式卡拉OK店，成立於1989年3月，第一家店開在台灣台北市林森北路，由於頗受好評，在1989年就開了5家分店。1994年12月起，錢櫃開始拓展海外分店，以中國的重點城市作為發展對象。10多年前叱吒一時的北京KTV業，近年風光不再但北京錢櫃已先後關閉總店及數家分店。業內人士指出，老牌KTV在租金高漲、激烈競爭及客源減少下，已步向『中年危機』。近兩年除錢櫃外，北京幾家KTV品牌如樂聖等，都已先後關閉多家分店。當地媒體指出，裝修舊、歌曲更新慢、價錢貴，以及北京市內KTV增加等原因，讓錢櫃和消費者漸行漸遠。相比之下，一些新開的KTV看起來時尚豪華。

由此可知，為了縮減成本而大幅關店裁員，不願意投錢更新設備和系統，降低了產品和服務質量，就會失去服務業的核心競爭力，徒有高價格而沒有好服務，只會把顧客越推越遠。這是我們在進軍印度的同時，絕對要注意的。

進軍印度

想要發展KTV文化，除了加強良好的服務之外，客源的篩選就成了重要的關鍵，客源就必須鎖定在熱血又愛冒險嘗鮮的年輕人，因此地點需臨近選擇年輕人多的地方，都市地區大學周邊是我們經過評估後，是相當優異的環境。

圖：印度看電影的排隊人潮（方天賜）

都市地區人口基數多，年輕人的數量自然也不少，因此兩個大城市——孟買及新德里，將會是我們的首選目標。孟買是全印度人口最多的城市，也是印度的娛樂業之都，娛樂產業蓬勃發展；而新德里為印度首都，是印度的政治經濟文化中心，也是印度人口第二多的城市。再者，大學周邊提供了有錢有閒的大學生，他們能在貧富差距極大的印度念到大學，想必家中經濟皆在水準之上，因此若能在大學附近開設店面便能有最高的利益。綜合以上兩點，在孟買和新德里的大學附近的地區就是屬於卡拉KTV的風水寶地，若能在這些地點開店，必定很快便能獲取利潤。

除了掌握地緣優勢之外，要能在印度的黃金地段和其他娛樂產業競爭並且殺出重圍，經營策略就顯得極為重要，我們可以從八個面向去討論與改善：第一是創造屬於我們獨特的風格，我們心目中的店面不單只有包廂式的KTV，也有台灣郊區餐廳常見的投幣式一首10元的卡拉OK，兩者結合便能滿足擴大客源！既能滿足想花時間需要空間與朋友們聚會的客人，也能滿足只想唱一兩首歌來匆匆去匆匆的客人，同時這兩種消費方式的結合也能成為一種噱頭，提升卡拉KTV的知名度。

第二點，提升裝潢與加強設備，藉由提供各種等級的音響電視等硬體設備，並以價錢把包廂分級成低、中、高價位，最高級的設備就要搭配最高的收費，以達成收支平衡。另外，可以在中高等級的包廂內設立「評分機」和「錄音錄影設備」，讓唱卡拉KTV時不只是可以唱歌而已，還能提供更多的樂趣。除此之外，各包廂也可以裝潢成不同的風格，避免客人重複消費時有一成不變的感覺！

第三點，提高促銷活動的頻率，可以配合節慶，例如母親節、耶誕節等推出相關活動，也可以推出類似「當月壽星優惠」之類的促銷，或是利用FB等社群網站打卡便可折價順便達成宣傳效果。

第四點，提供台灣專業的料理食物，台灣為美食之國，因此在店內提供台灣美食，便可以表現出在當地與眾不同的感覺。而針對不習慣異國料理的客人，道地的印度料理也是必備的。另外，考慮到台灣KTV普遍提供的餐點自助方式在印度可能會造成虧本導致經營困難，食物以單點方式提供，非酒精飲料無限暢飲或許是比較可行的做法。

第五點，加強企業間的合作，企業的合作涵蓋到許多領域，當中包括員工方面，除了最基本的給彼此的旗下員工優惠福利之外，卡拉KTV可以提供歌唱的場地和評分機等給企業或學生組織舉辦的歌唱大賽，甚至能夠試著讓企業在卡拉KTV內舉辦尾牙，有吃有場地又有得玩，一舉三得。在消費者市場方面，也可以和不同性質的企業合作，提供互惠方案，例如出示某公司的消費證明便可以在卡拉KTV店內擁有折扣、或是聯合彼此的會員制度讓消費者在兩邊的紅利點數通用……，諸如此類的企業合作可以讓兩邊的客源互相流通，開創更大的市場，共創美好的未來。

第六點，加強廣告宣傳，利用各式各樣的方式來宣傳，如派發宣傳單、於報紙上刊登消息；媒體上，可以在youtube、facebook等網路平台購買廣告，增加曝光率，或者是在電視上播放廣告。

第七點，創建會員制度，每當消費額累積至一定程度，可以申辦成會員，會員擁有一定程度的優惠方案，如非活動期間的優惠打折，或者是生日禮……等。最後一點，也是我們一直在提倡的一點，就是服務品質，台灣的服務業發達且KTV產業已算是成熟，因此可以把台灣的服務精神直接搬去印度來實行，以客為尊的精神相信能讓印度人賓至如歸倍感親切。但是，由於印度人民心中可能仍有根深蒂固的種姓制度，因此可能需要雇用低種姓的員工，以免服務生和被服務者因違反種姓制度而造成雙方的不愉快。未來希望藉以上的構想，能在印度打造出屬於台灣獨特的karaKTV市場。

第三單元：特調茶飲

TwIn's tea——台式茶坊在印度

謝東儒、余佳穎、陳熙、黃筱芬、施秉洋

那是個晚風吹拂的涼爽夏夜，兩位來自印度的朋友不斷鼓勵我們到印度販售台灣的茶，他們表示自己非常喜歡喝台灣的綠茶及清茶，並分享對台灣飲料的喜愛，很羨慕走到台灣的街道上處處可見手搖飲料的便利，但飲料的份量對他們來說有點太多，而甜度的方面若能加更多糖會更符合他們的口味。經過印度朋友的建議與鼓勵，我們決定往茶品的方向進行研究，最後確立目標——手搖茶店。

品牌理念

從硬體到軟體我們決定將茶坊取名叫作「TwIn's Tea」，至於為什麼選用TwIn's Tea作為店名呢？因為TW是台灣TAIWAN的縮寫，而IN是印度INDIA的縮寫，取這個名字象徵著台灣與印度口味的結合，其中TWINS又代表雙胞胎的意思，意味著台灣跟印度關係密切且友好。而中文店名是「天賜茶坊」，不但取自於「TwIn's Tea」的中文諧音，其中還富有深度的意義。天賜，上天賜予的禮物，拿來形容茶葉十分剛好，在許多人工添加物盛行的現代，用心栽培茶葉是最天然且珍貴的禮物！在台灣高山連綿的丘陵，純潔的山泉和雨水，細心栽培的茶樹，到手工摘採的茶葉，經過細心慢火的烘培，一切都是上天賜予的寶物！我們想將這份美好傳遞出去，讓更多人也能看得到、喝得到、感受的到。

店面的形式將走相對較高價位的路線，並且將客群鎖定在中高收入群，打出品牌時尚的概念。起初，原本打算以手搖茶攤的形式進入印度市場，但在蒐集資料和訪談的過程中，發現印度本身就有許多販賣茶的行業存在，而且價格十分便宜，如果以價格作為重要競爭條件，再加上店面租金相對較高、進口茶葉相對較貴的情況，以平價手搖茶方式販賣台灣茶品的利潤並不會太高。最後，經過了多次的討論和分析後，決定以台灣的茶文化作為特色，到印度開設茶坊，並以販賣台灣的茶品、茶葉和中式的茶點為主，搭配特色裝潢，吸引對異文化有興趣的印度人、懷念中華特色的華人以及來自世界各地的人們。

在理念中，明白台灣的功夫茶道是一門有趣的學問，不只是能展現台茶本身的優點，還能讓來店內喝茶的人不只是享受我們的茶，也能同時感受到台灣的文化，天賜茶坊講求讓人宛如置身古早時期那樣純樸又自然的感覺，跳脫現世的紛擾與塵埃，在舒適的環境裡，享受一壺天然好茶，配上一份美味點心，真有如置身天外。但是在正式開店前，身處在印度的人們並非都曾經嘗過台灣茶品的滋味，也可能一時間還不能接受馬上接受台灣的茶，要如何吸引他們的目光以及有嘗試的意願是努力的重點。首先，希望能靠店面的裝潢，讓顧客第一眼就能對這間店留下深刻的好印象，所以一間好的店不只是賣的東西品質好、服務佳，裝潢外觀也是不容忽視的重點。

在天賜茶坊的空間中，我們希望能讓客人不只喝到茶也能使用到傳統的茶具，利用竹製品製作成竹簡式的茶架、竹捲式的菜單，並在牆上掛書法題字和國畫，讓顧客能夠接觸到中式藝術；此外，搭配屏風作為隔牆，讓客人能在有特色的屏風後保有隱私空間卻也不會過於狹隘封閉。

但若想讓店內充滿特色，並不等於把所有古風的東西結合起來就是中國風，甚至可能對印度當地人，或是其他尚未能了解中國、台灣的風格的人來看，這些擺設或許就只是一些老舊的東西而已。所以要有一個明確的主題，如之前襲捲台灣的一茶一座，店內古風的設置，結合三國演義的故事，有蓑衣、羽扇、草船借箭等等元素，同時具有故事和風味。TwIn's tea 目前考慮的風格走向大致有濃濃原民風的台灣原住民文化，或是中國傳統的朝廷風格，店內的店員會搭配主題而有不同的衣著穿搭，宛若置身其境，相信也會十分吸引人。

除此之外，我們還會提供茶具的使用教學，如同台灣知名連鎖燒烤店會在顧客用餐一開始提供燒烤的示範教學，藉由和顧客互動的過程，這其中也會添加許多的趣味。

茶‧在台灣

全台灣各地區皆有產茶、產區多。茶種主要分為白茶、黃茶、綠茶、青茶、紅茶、黑茶，主要是根據茶葉製作上與品質的不同而分類。台灣地區主要產青茶，也就是大家熟知的烏龍茶，是經過萎凋、曬青、搖青、殺青來做部分發酵，綠葉紅邊，既有綠茶的濃郁，又有紅茶的甜醇。台灣茶主要著重於製程技術，從茶葉的採收技巧（一心二葉），到最後的真空包裝都十分講究，技術相當成熟。茶樹本身的週期短，所以不用害怕颱風或是蟲害，相較於果樹或是稻田遭遇天災時必須要承擔的風險更低。

台灣的茶可以嘗試在印度種植，因為印度當地的大吉嶺紅茶原本也是英國人佔領時從中國大陸所引進到當地的，所以台灣茶或許也有機會嘗試引進印度。據台灣茶莊老闆的說法，目前已經有人在越南成功地種植出台灣的茶葉了。茶葉具有高經濟價值，一點點的茶葉的價值就非常高。根據以上重點也可以從中得知為何台灣的茶葉具有許多優勢，因為不論是採收的技術與發酵技術，以及各類茶種都相當具有特色。

究竟推行台茶飲料的點子在印度當地是否能成功呢？除了有渴望實踐的衝勁和創意之外，參照前人的經驗也是相當重要的步驟。關於在印度展店失敗的台灣茶飲企業最出名的莫過於《日出茶太》。該茶飲企業當年挾著浩大聲勢到印度開店，甚至規劃了在全印度開連鎖分店的長程計劃，但後來卻面臨倒閉的命運。究竟是什麼原因讓日出茶太退出看似機會無窮又有龐大人口潛力的印度市場呢？大致上把主要的原因歸類為以下幾個因素：

圖：印度機場內大吉嶺茶的廣告（方天賜提供）

1. 份量問題：飲料太大杯，印度人大部分不會一次就把700毫升的飲料喝完，也不習慣把一杯飲料從早喝到晚，比起大份量的手搖飲料，印度人更偏好喝個一小杯的奶茶，用幾口一飲而盡。
2. 口味差異：不夠甜！不夠甜！不夠甜！印度人嗜甜，在他們平常所喝的印度式奶茶中，就會添加大把大把的糖，所以台灣人的飲料甜度表放到印度後並不管用。
3. 價格偏高：在印度路邊攤其實就可以買到3盧比到5盧比的熱奶茶了，若客群主要鎖定在市井民眾，日出茶太所訂下的價格是相對高價的，但對於中高客群而言，該店的消費形式也非他們所習慣或易接受的。（2盧比相當於1元新台幣）

但在南亞次大陸上，不會只有失敗的例子，更有許多企業在這塊魅力古大陸挑戰成功，像是Dolly's Tea Shop，Infinitea等等，不勝枚舉。觀察上述這些在當地成功的例子，發現他們不只是保有其特色去經營，也均有融入當地的生活習慣。有的企業會針對印度當地提供更多的口味可以選擇，有的則是店裡有很好的裝潢與氣氛。這就如同在台灣營業的印度餐廳，餐點口味不一定就是完全道道地地的印度口味，會依照台灣人的口味及風俗習慣來進行調整和變化，因此從這些跨國經營並成功的例子中可以看的出來，除了保有原本的特色和方向之外，更需要認識當地、融入當地的飲食習慣。

針對前人在印度經營的例子，帶給了我們不少的啟發，也試圖去提出一些相關的對應解決方案。對於份量太大杯及口味不夠甜的問題，將會減小外帶杯的容量，傾向使用小型的杯子供應飲料，甜度則採用台灣手搖茶店的客製化，外帶的話會採取詢問的方式，內用則是會隨飲品附上糖，讓客人可以依照自己的喜好自己調整甜度，以此符合每個人不同的口味需求，讓顧客們從無糖到多糖的選項都得以得到滿足。然而，關於消費費用偏高部分，則希望可以在大都市開店，以中高消費群為主要的核心目標，且加上大都市本身有許多來自不同國家和文化背景的多元人口，他們都是TwIn's tea天賜茶坊的潛在消費客群。

區位選擇

起先，由於消費客群、基礎設備和人口組成等的考量，原本決定在浦那(pune)開設的店鋪，因為浦那充滿各級教育措施、學術研究機構，尤其以高等教育為主，當地居民普遍擁有較高的收入和教育水準，物質生活較富裕。預計以當地的學生和研究人員的作為主要客群，理由是因為大多數的學生總是比較喜歡嘗試新的事物，可以利用課堂之間的空堂前來消費，而且在印度能就讀到高等教育學府的學生，多數來自較好的家境，而研究人員則擁有優渥的高收入，對於高價位的飲食也有較高的接受度。

但後來在印度同學的建議下，我們選擇將開店的位置轉移到孟買。孟買是印度人口最多的都市，同時也是印度的商業與娛樂之都，聚集了來自印度各地的人，也不乏外國人（例如：各地的商人、在印度藏人等等），人口組成多元，而浦那所擁有的學生客群和研究人員，在孟買也有許多的學院和研究中心可以提供，以上這些都有助於推廣茶葉到各層級的客群，也還比浦那更加多元豐富。

圖：印度都會城市內的現代茶飲店（方天賜提供）

此外，在交通區位的考量上，孟買位於印度半島西岸外的撒爾塞特島，在交通運輸上，坐擁孟買港、賈特拉帕蒂・希瓦吉國際機場、鐵路及地鐵，對外及對內的公共交通運輸都十分的方便。因此，最終我們便選定這座擁有千萬人口的大都會地區作為我們進軍印度的第一個根據地。

在印度孟買開設台灣茶坊是個創新的挑戰，經過評估，台灣茶葉的優勢在於產品創新獨特。全世界僅有台灣及中國華南地區有產半發酵茶，亦即對於其他地區的人來說，我們的產品是獨特的。另外，台灣人在培育茶葉之技術方面相當純熟，具有種出一流的茶葉專業技術。然而成本運費高是無可避免的，由於天賜茶坊為台灣茶的複合式茶飲店，主打台灣原種茶；因此所選之茶葉必須由台灣本地運送至印度。透過國際物流運送原料，成本也將會較印度當地之茶飲店高。

天賜茶坊為中高價位茶飲店，因此選擇印度孟買作為店址，再加上附近有許多學校及園區，所選之位置必能為我們帶來極大的客群。雖然印度有當地的小攤販茶飲店，也有中高價位之咖啡廳，但是沒有像天賜茶坊這種極具台灣特色的茶坊，因此只要我們能夠抓住印度人所愛好之台灣茶的味道，便能將市場拓展至整個印度。然而，由於台灣及印度有文化上的差異，因此必須承擔印度人可能不喜歡喝台灣茶的風險。況且當地的茶飲店正蓬勃崛起，雖然是屬於低價位之茶飲店，與我們原先的設定——中高價位有所差異，但不免還是會存在瓜分天賜茶坊消費市場的風險。

接著，我們試圖提出改善的策略。首先，在成本運費過高的部分，我們想要開發出一款能夠在印度種植的台灣茶種，如此一來便可節省因為國際運輸而造成的昂貴成本，而這點在經過和雲峰茶莊的老闆訪談之後，也得知這樣的方式是可行的。另外，由於我們的店租及茶葉成本較高，因此茶飲產品訂價較高，為了彌補訂價較高的缺陷，我們打算提升附加服務來吸引因為價位而猶豫不決的客人。例如：於店內設置wifi、提供泡茶教學等等，也將會在店面販賣茶具和茶葉來提升銷售額。在文化及口味差異部分，在開店初期將會舉辦免費試喝活動，藉此讓印度人嘗試台灣茶，詢問試喝者對於口感的想法，作出更符合當地需求的口味，並提供後續店內產品設計的重要考量。而針對當地茶飲店蓬勃崛起，我們將會提供外帶優惠以及服務品質來提升購買率，並且在開店初期藉由各式活動打響知名度。

產品設計內容

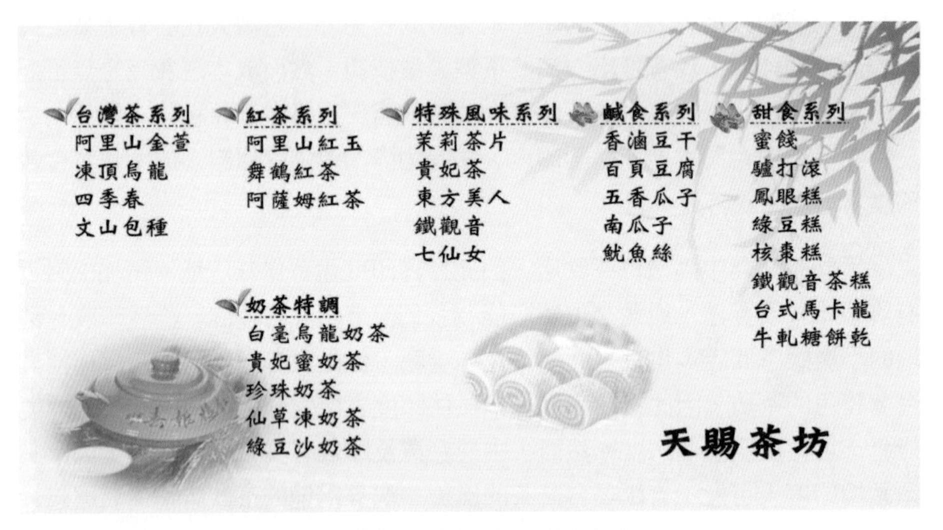

圖：商品一覽表（作者自製）

透過和印度人的交流，會發現到印度部分地區的發展其實很進步，大城市的繁榮程度應該跟台北差不了多少，台灣能夠看到的商品和服務印度那邊都有，因為貧富差距的問題很嚴重，所以部分地區看起來才會相對落後。以目前印度的人口成長跟印度的發展成長來看，印度會是遠遠勝過中國的一個市場。印度是一個很適合投資的地方，市場的成長性夠大，國家也相對的穩定和民主，擁有便宜的人力資源。

圖：新德里市中心的星巴克咖啡（方天賜提供）

因此，我們的目標是要在人們心中建立「來天賜茶坊不僅僅是享受茶飲，只要走進店內就是一種時尚和注重生活的表徵」。就如同已經在國際建立了強烈品牌意識的星巴克，讓人有種彷彿在街上拿著一杯該店的飲料即有文青的氣質；或是像天仁茗茶，擁有完善的組織與知名的品牌，成功地在台灣甚至大陸建立有優勢的茶葉品牌。此外，也希望天賜茶坊能藉由像孟買這類的國際級城市將茶道文化擴展到更多還未接觸過、不了解的國家。

雪山女神之愛——木瓜牛奶

吳敏莉、陳經貿、游庭維、余書綺、王景鴻

在印度教的神話中，木瓜樹是神聖的，雪山神女額頭上的汗珠滴落於邁達拉聖山，最初的木瓜樹於是誕生……

炎炎夏日，走在路上，人手一杯木瓜牛奶的景象在台灣隨處可見，清涼解渴的木瓜牛奶，被在有一半國土位於北回歸線以南的台灣的人們拿來當作消暑的飲料早已見怪不怪。而位處亞熱帶的台灣，非常適合種植熱帶水果番木瓜科木瓜，此時若是以此木瓜搭配冰涼的牛奶混在一起打成果汁，還能產生「消除疲勞、潤膚養顏」的功效，這似乎更說明了木瓜牛奶在台灣盛行的原因。既然台灣如此得天獨厚能夠生產出這項老少咸宜的飲料，那我們何不放大眼界，把這樣產品向外推廣呢?

台灣農友種苗公司的「紅妃」，這種木瓜因為果肉紅、味道甜，因此從2000年進入印度至今，市面上的木瓜幾乎全被「紅妃」攻陷。我們可以在印度使用自家生產的高品質木瓜，搭配印度當地本來就方便取得的牛奶，生產出品質與台灣相差不多的木瓜牛奶，然後在當地販售，這商機令人十分期待。雖然這樣聽起來，在印度賣木瓜牛奶相當有前景，但是要到國外進行投資、開分店，風險畢竟還是很大，魯莽行動並不是上策，因此我們團隊訪問了幾位在台灣的印度人，詢問他們對木瓜牛奶的種種看法，對「在印度開設木瓜牛奶專賣店」進行了更深入的研究，並評估實行的可行性。

競爭商品：印度當地盛行飲品

印度擁有超過十億的人口，而其中有大約三億屬於中產階級的消費者，因而擁有龐大的國內市場。印度的食品加工及飲料產業，占印度製造業GDP

的8.4%(2012)，是近年來發展迅速的產業之一，例如印度的軟性飲料，規模一年高達1,050億盧比，可樂仍為最大宗約占450億盧比、其次為檸檬和萊姆口味汽水約300億盧比、柑橘口味汽水約150億盧比，其他蘋果口味及蘇打等飲料約150億盧比(2011)。另外，由於近年來消費者對於健康的訴求，標榜健康的飲料商品成長也相當迅速，新鮮的檸檬汁(nimbu paani)也成為受歡迎的解渴飲料，而印度國內持續調漲的薪資預期將帶來往後銷售的成長。

Fruit shake（水果奶昔）：是由香蕉、草莓或是蘋果等多種水果混合冰塊、牛奶打成的奶昔，冰涼爽口，適合夏日飲用。我們訪問的一位印度人Sharmma說：「印度有很多種常見的水果奶昔，像是芒果奶昔、草莓奶昔，可是我沒見過木瓜奶昔，而且我覺得台灣的木瓜牛奶搖比較多下（現打的），奶泡會和木瓜汁攪在一起，印度的奶昔奶泡在上層，下層是飲料。」

Lassi（酸奶）：是優格、水、香料，或是水果混和而成的飲料，傳統的lassi因為含有鹽的成分，因此味道是鹹的，較為流行於北印度和巴基斯坦的旁遮普省。而甜的lassi，則是含有糖及玫瑰水或檸檬、草莓等水果的果汁。Mango lassi則風行於全球，其中加入優格、水和芒果肉，由於芒果本身的甜味，因此不一定要額外加入糖作為調味，在英國、馬來西亞、美國、新加坡都可以發現它的蹤跡。

Badam milk（碎核果熱牛奶）：是由開心果、扁桃摻在牛奶中製成，而使用的牛奶冷熱皆可，營養豐富，具有降低膽固醇的功效。

由此可知，印度有各式各樣的水果飲料，乳製品的種類也相當豐富，然而卻少有人把常見的木瓜和牛奶混合在一起，因此我們覺得這項新的商品或許也有機會受到印度當地民眾的歡迎。

圖：印度的牛奶專賣店（方天賜提供）

生產原料及設備裝潢

台灣木瓜在印度農村相當受歡迎，其中最有名的「紅妃木瓜」由台灣農友公司育種。「農友種苗」是總部位在高雄的育種公司，從原本只是隸屬於歐美日的大公司地下的小種苗店，搖身一變成為世界重要的熱帶蔬果權威，創辦人陳文郁的經營哲學功不可沒。木瓜的部分，陳文郁選擇深耕印度和中國，而進軍印度成為一項成功的投資案例。《天下雜誌》因此特別採訪，在〈水牛精神拚出種苗王國〉中提到：「印度農民種植的紅妃木瓜，果實成熟時散發的芬芳，對剖後顯現的鮮紅果肉，咀嚼時帶來的細嫩口感與蜂蜜般的甜味，名副其實地符合人們對『Red Lady』的想像。」

台灣種的木瓜受到印度人的愛戴，市場銷路很好，甚至有幾篇新聞稿指出很多印度人聽過「台灣」這個國家是因為木瓜，所以我們選擇台灣農友公司育種的紅妃木瓜作為原料。我們預計選定的地點在邦加羅爾，邦加羅爾

圖：印度街頭的檸檬水攤販（方天賜提供）

有產木瓜，且買得到紅妃木瓜。此外，我們訪問印度人時有問到要去哪裡買木瓜，他們說去菜市場（傳統市場），有印度本地產的木瓜，台灣種的也不少。

印度是產牛奶的大國，人民喜歡喝牛奶，銷售量高且價格便宜。訪問印度人得知，他們習慣到牛奶連鎖店Mother Dairy買生活所需的牛奶，家家常用一種金屬製的壺去裝盛牛奶。印度的牛奶很便宜，一公升25元台幣左右，跟在台灣的純牛奶類飲品比較，在印度牛奶原料成本明顯比較低。訪問時我們有問印度人關於牛奶的產地，他們表示各地都有產，並不建議從遠方進貨，成本不會比較便宜。在市區很多家裡後院都會養乳牛產牛奶，但他們建議去Mother Dairy買是有保障且價格又便宜的好選擇。

圖：印度的水果攤車（方天賜提供）

販賣木瓜牛奶需配有幾項基本的設備。根據網路上果汁店業者提供的數據，每天平均賣300～350杯，冰塊一天用量約100～150斤，大概是10～15包冰塊的量，保守估計這樣的用冰量適合選用400磅（約180公斤）的製冰機，國產的以力頓LEADER製造為例價格為65000台幣，假設外購冰塊一天15包，一包估價20元，一天的成本大概是300台幣，大概七個月後會回本。六門營業用冰箱1595公升，國產約六萬。用來保存木瓜、牛奶等食材。台灣的手搖杯飲料店使用蔗糖或果糖，舉例來說清玉用蔗糖，五十嵐用果糖。豐年果糖是比較有品質保證的品牌，在網路上也多方查到幾位曾在五十嵐打工過的人士證實該店用的確實是豐年果糖，不是其他來路不明的品牌，因為豐年會賣給飲料店大批且較便宜的果糖，於是豐年果糖成為我們的首選。此外，印度當地容易停電，雖不確定預設地點（邦加羅爾，選擇此處原因詳見行銷部分）是否也這樣，但在印度很多店面皆會自備發電機以解決此問題。

價格成本

以木瓜牛奶來說，它的價格左右購買上的意願，因為它是非必需品，若是走在路上口渴了，想買杯飲料解解渴，但是發現一杯木瓜牛奶居然要價不斐，會很快打消這個念頭，直接拿出包包裡的水來喝，或是忍到家裡或宿舍再來喝水。

在台灣，一杯木瓜奶賣55元，根據地區的不一樣可能會有正負5元的差異也就是說在50到60之間。這樣的價格在台灣並非和藹可親，所以我們也只是把它當作偶爾可以買來喝喝的飲料，想當然爾，在印度販賣木瓜牛奶的價錢勢必要再降低。以平均薪資來說，台灣月均薪45642元台幣，印度是31198台幣，我們認為在印度一杯700CC的木瓜牛奶比較合理的價錢是35元台幣左右。不過直接以薪資比例來訂定價格似乎太過草率，畢竟印度的風俗民情、地區差異、原料成本都與台灣有很大的不同，而且我們走的是高檔飲料店路線（類似星巴克），店面、人力等成本都是必須考慮進去的，所以我們放棄直接以薪資比例換算的價格訂定方法。接下來我們列出的是一杯木瓜牛奶的固定成本（容量約400ml）：

(1) 100g木瓜：100*20/1500=1.3元

(2) 200ml牛奶：200*20/1000=4元

(3) 糖+水=約0.5元--------------------------總成本約6元台幣左右

(4) 人力成本：請4人來工作　每人薪資約10000台幣／月　總共40000台幣（當地行情）

(5) 攤位租金：每月6000／台幣（當地行情）。

假設一天可賣出100杯，一個月則可賣出3000杯，若一杯利潤30元，一個月利潤約90000元，扣掉人力成本及租金總共淨賺44000元。若是只有一人投資，這個利潤是合理的數字，因此一杯木瓜牛奶定為35元台幣是我們的理想價格，而且由於我們店內提供舒適的用餐環境，所以如果內用的話我們會再把價格提高五元，利潤則可再更高。

究竟一杯木瓜牛奶應該賣多少價格是我們這個案子的重要課題，因此我們訪問印度友人此方面的意見，「700CC差不多30或45盧比⋯⋯一定要低於80盧比，台灣木瓜牛奶（45台幣）差不多是100盧比，若在印度賣太貴了。」、「太貴了。大杯的700CC差不多30～35台幣（80盧比），一半大小的，差不多是25台幣，100盧比太貴」而預訂的價格是35～40台幣，並且走的是高級、高品質、用餐環境舒適的路線，我們認為印度人普遍能夠接受這價格。

而且還有一點或許是大部分台灣人所沒有想到的，印度人在買東西之前會計算這項產品的成本，來估算這項產品的價格是否合理。印度友人表示：「印度人很會計算成本，像是這個紙杯可能多少、蓋子多少、木瓜、牛奶的成本、店員的薪水、水費電費⋯⋯顧客一般都會算一杯木瓜牛奶的成本為多少。」這代表了我們並無法也不太可能利用他們不熟悉這項產品來亂定價格，若定太高的價格，他們便會認為售價超出成本太多了，於是就會打消購買的念頭。

最後一點，也是相似於台灣人的特性，印度人也喜愛折扣優惠的活動，因此我們若是在價格上做些優惠，就像普遍台灣商家的銷售手法那樣，銷量應該能提升許多。

行銷策略

行銷策略往往是經營成功與否的一大關鍵，不同地區、種族、年齡、信仰和性別的族群，對於產品的接受度及偏好會有所差異。倘若要進軍印度市場，我們認為首先必須把握一個原則「順應當地的消費習慣」，也許有些在台灣覺得很平常的事物會令印度人無法接受，也許在印度某些特定類型的商品，以某種形式銷售，印度人會更喜歡。另外一點為「確定台灣哪些經營因素，為印度人所接受並希望沿用」，這些技術可能會成為我們商品的競爭優勢，會令印度人感到新奇，卻可能難以模仿。為了賦予木瓜牛奶在印度飲品市場一定的地位，可從以下方面著手改良，或許能將我們熟悉的木瓜牛奶，搖身一變成為風靡印度的時尚飲品。

口味在地化

為了確定印度人是否能夠接受「木瓜牛奶這項新產品」，印度友人表示他們都有買過，並且對於台灣木瓜牛奶的口味提出相當多的看法。這些看法主要和甜度、冰度、新鮮與否、內容比例相關。雖然幾位印度朋友的想法未能代表整個印度，但若能參考他們的建議，實際開店後再做出些許調整，以台灣現有的技術及制度來建立木瓜牛奶店的系統。

常聽說印度人較習慣重口味，對於飲料的要求也傾向於高甜度。不過實際請教印度人後，我們得到許多不同的觀點及一些啟發。來自北部新德里的Manik說道：「台灣的飲料比較甜，full sugar（全糖）太甜了，不過一般店面都可以選甜度，我比較喜歡喝不甜的，都選lower sugar（微糖）」；而另一位印度的女性朋友Poonam：「其實我覺得台灣的飲料比較甜耶，不過手搖式飲料店都可以選甜度，我都選甜度較低的。但是普遍上來講，印度人口味確實比較甜」。而來自印度泰米爾納德邦的納馬卡爾(Namakkal) 的Ravi也表示：「大部分印度人喜歡較甜的飲料，印度飲料的甜度和台灣差不多，我都喝半糖的」。

聽完三位的想法後，我們感到相當困惑，雖然大部分印度人喜歡較甜的飲料，但是也希望能吸引像Manik、Poonam這種比較喜歡淡口味木瓜牛奶的顧客。而Sharma建議，可以沿用台灣這種「可選甜度」的制度。經過討論後，認為即使我們的目標是開類似咖啡廳形式的較為高級的木瓜牛奶店，這種在印度新穎的選擇制度，對印度人或許能有些吸引力，也可能成為在眾多飲料店中突出的一種特色。另外，由於印度產的紅妃木瓜因環境因素，甜度和台灣木瓜不同，實際開店仍需做調整。

圖：印度的傳統雜貨店（方天賜提供）

決定利用「可選甜度」的制度後，考慮到印度有相當多的熱飲，像是之前介紹的badam milk。此外，針對，實際訪問過後，得到的回應大致上都指出印度本身天氣就非常熱，夏天（熱季）常常會達到攝氏40度以上。冰的木瓜牛奶應該比較受歡迎，印度的熱飲比較多是跟茶有關的部分，其他飲料多是冷飲。由於印度人似乎不特別偏好熱的木瓜牛奶，台灣方面也較熟悉冰木瓜牛奶，主打冰木瓜牛奶可能比較有市場，所以建議販售冰木瓜牛奶。然而，因為預想的店面有室內座位及冷氣，仍可在研發後，用試喝等方式測試熱木瓜牛奶的市場。

當初我們考慮的木瓜牛奶銷路形式有三種：一般超商販售的、現打果汁店的、高級飲品店式的。一般超商販售的木瓜牛奶多為化工合成，想了解他們是否知道，並且會不會排斥。實際詢問後發現他們都知道超商木瓜牛奶是合成的，不喜歡化工飲料的Manik說：「我只喝現打的木瓜牛奶，超商的不新鮮，我從來不喝，現打的的比較好，新鮮很重要。」相反的，Ravi則較常喝超商飲料。然而，目前在印度投資較具優勢的部份是人力成本較低廉，大量自動化生產的化工木瓜牛奶，較難以運用的印度本身的優勢。再加上，印度超商也有大量標榜水果的化工飲料，販售價格也都相當便宜，利潤並不高。雖然有難以模仿的優點，市場穩定性並不高，對目前模糊的印度人口味也較難以調整。最重要的是，印度木瓜跟牛奶的價格較便宜，因此選擇新鮮的現打木瓜牛奶較具優勢。

另外，關於內容物的部分，由於印度以咖哩(Masala)聞名，很好奇若在木瓜牛奶中加入Masala是否能引起他們興趣。其中，Ravi和Manik認為：「一般香料都是加在奶茶或者茶中，也有加在固體食物裡，不過像在木瓜牛奶這種含水果的飲料是不加的，加了感覺會很奇怪。」Poonam則覺得：「不知道耶，我覺得木瓜牛奶現在的味道就可以了。一般香料都加在奶茶或茶裡，但你們可以試試看，畢竟沒有人試過。」雖然他們都不太建議加香料，但都一致認為加「核果或乾果」是比較適合的。參考印度人的意見後，我們認為主打原味木瓜牛奶，利用核果及乾果進行裝飾，可能是較好的選擇。而加入Masala的木瓜牛奶商品可以開店後再研發，而加入珍珠、粉條、紅豆……等的商品，會在之後「行銷模式」的部分討論。

包裝方面，若要開設高級飲品形式的木瓜牛奶店，必須有內用與外帶兩種包裝，以符合顧客需求。內用的部分，使用玻璃杯及吸管，由於有加入核果，可以再多提供湯匙等物品。根據三位受訪者的描述，印度的高級咖啡店採取這種形式，傳統的飲料店有些也是如此，並不會讓印度人覺得不熟悉。

而外帶的部分，印度的其他飲品也常用紙杯裝，並用塑膠蓋，卻很少看到用封膜的。而事實上，訪談調查後，大部分印度人很能接受封膜，只是封膜機在印度不常見，因此若從台灣運送封膜機來使用，或許也能成為店的一種特色。

另外，在台灣販售的木瓜牛奶一般容量，對印度人來說可能多了一些。我們拿一般現打木瓜牛奶(500ml)詢問Manik，他認為：「這種Size的木瓜牛奶對我來說太多了，在印度不會賣這麼多，小杯一點比較好（差不多一半到三分之二）。」對於許多台灣人「俗擱大碗」的觀念，並不適合用在印度人身上，Poonam就說過：「可以給我小杯一點，而且還可以壓低價格。」他們說這是印度人對飲料的習慣，所以若要在印度開設木瓜牛奶店，或任何冷飲店，最理想的外帶容量容量大小為300ml～400ml，價格可較便宜，然而內用由於時間較長，建議的量為700ml，而外帶也可選大杯的700ml，價格和內用相同。

鎖定客源

由於計畫開設的是較為高級的木瓜牛奶店，鎖定的客源必須為有較高消費能力的族群。我們認為，鎖定高經濟水準的人及大學生族群是不錯的選擇。印度有很多跨國企業設廠的軟體工業、高科技工業，這些企業的員工家庭大部分有足夠的收入，並較可能有購買飲品的習慣。而對於這些軟體企業工程師是否有足夠的時間來木瓜牛奶店消費，我們認為假日或一般商務面談時，都有機會消費。而且由於有外帶制度，沒有時間在店內消費，也可以銷售出木瓜牛奶。再者，這些員工的親屬也有可能在店裡進行消費，因此並不用擔心這方面的問題。第二個鎖定的族群為大學生。大學生屬於較願意嘗試新鮮事物的族群，且在學校宣傳並不困難。而印度大學生的比例較低，這些學生的家庭較有可能負擔得起這種消費方式。

地點的設置可以選擇在「印度矽谷」邦加羅爾，邦加羅爾除了有相當多的科技公司，也有許多大學。邦加羅爾的人口比例除了印度人外，也有相當多外國人，這同時也是將木瓜牛奶推廣到國際的一種優勢。而在邦加羅爾附近有我們需要的原料「紅妃木瓜」，原料取得也相當方便，更因為是大城市，交通系統較為完整，運輸原料相對方便。

圖：邦加羅爾市中心街景（方天賜提供）

在廣告行銷策略可分為以下三個階段來進行：初期建立基礎階段、中期穩定創新階段、後期品牌擴張階段。以此為大方向，配合諸多小策略及一些與當地資源的合作，有機會在印度創造有口碑的高品質木瓜牛奶連鎖店。

初期需要建立「凸顯木瓜牛奶特色的多樣化菜單」，時間差不多為一年，找到印度市場最歡迎的木瓜牛奶品質。店面主打商品為木瓜牛奶，但仍需有其他可供選擇的商品，例如各種水果牛奶、茶類、咖啡等，配合一些蛋糕、小點心。一方面能降低風險，一方面商品多樣化較能穩定客源。這些商品的原料生產及口味在這裡不多加贅述，因為這些商品印度當地就有在賣，口味及各種形式皆能透過參考印度其他店家來模仿，這裡主要還是討論特色商品「木瓜牛奶」的部分。初期另一要點為「讓地區內消費族群知道木瓜牛奶」，藉由發印度常見的廣告傳單來宣傳。

由於印度人力便宜，直接找人發放傳單的成本並不高。利用網路社群（如臉書、line）來宣傳也是一種不錯的選擇，但若投資者的資金較為充裕，也可以考慮利用當地電視台進行電子廣告。而關於招牌的樣式，Ravi提到：「在印度的大城市，用各種語言做的招牌都有，英文或其他外語都很常見，你們要用中文也可以。若用Hindi（印度最多人使用的母語）的話，因為印度每個州、每個地方都講不同的母語，要把每種都寫出來是不可能的，……而且印度文盲很多，賣東西的話最好有附圖片會比較好（附木瓜、牛奶、木瓜牛奶的圖片）。」

由於考量到預設地點為大城市邦加羅爾，客源除了當地印度人，也可能會有一定比例的外國人，加上印度語言眾多，似乎也對外國語言招牌不太忌諱，因此招牌的字做成英文就可以了。雖然我們鎖定的族群為高知識分子，但由於木瓜牛奶對印度人來說是相當新穎的商品，在招牌及各式廣告中附上木瓜及木瓜牛奶的圖片，能更加有效吸引印度人並打開知名度。另外，最後輔以上述各項木瓜牛奶特色，並隨市場做調整，找出價格與最佳品質的平衡點。在特定節日（如他們的國慶日）可以做一些打折促銷，或贈送小禮品。另外，賦予木瓜牛奶一些特殊定義，舉例來說，「木瓜牛奶=木瓜+牛奶=健康+聖牛的賜予」，利用木瓜的健康特點及宗教信仰來抓住特定族群。

中期為穩定並創新時期，大約一年後，若木瓜牛奶知名度變高，很有可能發生被模仿的情況。為了防止被模仿，可以研發多種「延伸性商品」。由於木瓜在印度當地，比其他水果（如香蕉、草莓……）不常被拿來製作飲品，這和我們當初選擇木瓜牛奶的立意一致，「擁有所有原料，卻沒想過把它們加在一起，或是沒有找出加在一起的方法」。所以我們可以用之前競爭商品提到的Lassi、badam milk、奶昔……，研發它們的木瓜口味飲品。

另外，訪談中我們得知另一項台灣常見且具備優勢的商品，它在炎熱的印度也可能颳起一陣旋風，那就是台灣的「傳統剉冰」。和一般冰沙不同，台灣傳統剉冰餡可添加各種餡料，且剉冰機在印度幾乎沒有，有可能讓印度人感到新奇。將其作為延伸商品，是因為印度人從未聽聞這種類型甜點，直接開設剉冰店風險太高，但若木瓜牛奶店能撐過初期進入中期，表示客源方面是足夠的。這時推出全新的剉冰商品及各式木瓜口味印度飲品（其他印度飲品不一定只能有木瓜口味，可以一次推出三、四種口味），推陳出新讓模仿者跟不上腳步，有機會一步步建立品牌。而在此階段，也可以試試加入Masala或珍珠等內容物的商品，雖然他們不習慣在有水果的飲品中加Masala，但不代表加了之後印度人不喜歡。

後期為建立品牌的擴張階段，從中期進入到後期過程困難，時間預估也不容易，這裡考慮的是，若中期的延伸商品策略奏效，我們的木瓜牛奶店才有機會進入建立品牌的階段。此階段可以強化商品的logo，或甚至設計吉祥物，並開設分店至印度各地大城市。此時鎖定的客群不再只是大學生及工程師，而是印度大城市的中高收入族群。若有機會，以台印木瓜牛奶的品牌形象，進軍國際市場。此時期可以在電視上打廣告。

表：品牌建立進程

階段	行銷方式	目的及預期效果
初期建立基礎	利用實體傳單及網路宣傳	吸引地區內客群，建立知名度
中期穩定創新	推出各種木瓜創新延伸產品	避免技術被複製，建立良好正面形象
後期品牌擴張	建立商標或吉祥物，利用電視台及廣播進行大型宣傳	連鎖擴張，有機會就跨足國際

幾經討論、訪問與分析後，對於在印度設立木瓜牛奶店的生產、製造與銷售有更進一步的認識，考量到原物料生產、環境因素、當地民眾偏好，因此，我們認為在印度開木瓜牛奶店有其可行性，並對此有一定程度的信心。期待印度民眾也能品嘗到台灣的特色飲品。

第四單元：食尚玩家

When Phoenix Meets Garuda——台灣窯烤鳳梨酥

謝蓉蓉、廖常虹、范韻如、黃遵翰、楊群

對於印度，我們第一個會想到的是什麼呢？是印度聖雄甘地、諾貝爾文學獎得主——泰戈爾，還是擁有「一滴永恆的淚珠」之盛名的泰姬瑪哈陵，亦或者是電影生產之冠的寶萊塢呢？

如上述所言，我們似乎對印度也並非完全一無所知，那又為何有匱乏之說呢？若是問印度現今社會發展，我們會想到什麼？貧民窟，斷電，還是品質不佳的飲用水？這些或許都是現今印度的一部分，但是你們知道印度還有許多令人意想不到的發明嗎？正因為環境的困境，他們更加致力於發明如何用最簡易的方法，卻得到最大的生活改善，如Chotukool小涼（一種攜帶方便，價格便宜，又可以由電池供電的一種類似冰箱設計），不插電的冰箱（FenugreenFreshPaper，以藥草香料製成的乾燥紙，可延長蔬果保存期限），提水ATM等，這些都是我們不曾去思索過的。

現在的印度，正在一步步的前進，然而，我們對於現今印度的認知，卻有著滯留不前的跡象。而這一點，也影響著台商進駐印度的意願，雖然貴為金磚五國之一，台商在印度的人數卻一直沒有增加。商業週刊在金磚五國的特別專欄中也指出：「沒有人能夠否認這個市場（印度）的潛力，日商、韓商都比台商早來，現在還是絡繹不絕，但台商……等」。印度的潛力是無可限量的，然而對於印度的「不熟悉」，卻往往使台商在進駐印度的計畫上怯步。為此，我們撰寫了此企畫書，希望可以找出一項台灣可以到印度經營的小行業，並讓國人更加地了解印度的現今發展。

綜觀台灣的現今發展，我們在很多層面都有著卓越的特色，有科技類的，如手機，腳踏車，LED燈等。也有文創性質的，像霹靂布袋戲，工藝品等。當然，也有傳統產業的創新，而這一塊我們著重於食物的部分。為了要更加了解印度人對台灣的那些部分較感興趣，我們做了一份問卷，並含蓋了上述的大部分事物。而在訪談的過程中，我們發覺食物部分最能引起他們的共鳴，特別是甜點，印度本身擁有眾多的甜點，就一家印度甜點店而言，他的甜點種類可以高達五十多種。針對這一點，我們想以台灣特色甜點來進駐印度市場的計畫。

台灣的特色甜點有許多，如鳳梨酥，太陽餅，龍鬚糖等，而在經過多方的詢問訪談，還有網路上的資料，我們最終決定在印度販售我們的傳統甜點——鳳梨酥。然而，為何會選擇鳳梨酥，它又有什麼特色呢？對於鳳梨酥，大家想必都不陌生，它是台灣的著名點心之一，但最初其實是以冬瓜為主要原料，只是近年來因為大家認為鳳梨酥沒有鳳梨有欺騙之嫌，才開始有用鳳梨為內餡的鳳梨酥。而台灣最喜歡買的伴手禮中，鳳梨酥長年都是首選，在我們訪談的五位印度同學中，他們都曾提到鳳梨酥，也認為鳳梨酥如果到印度販售，具有無限的潛力。

為了推廣鳳梨酥，台北市更從2009年開始舉辦「台北鳳梨酥文化節」。在2012年台北鳳梨酥文化節的開幕式中，還特別邀請德、義、法等國烘焙廚師，一同採用家鄉風味食材製作創意鳳梨酥，如德式香腸，義式香料，法式乳酪，台北包種茶等，將鳳梨酥中西合璧的特色展露無遺。在2012年台北鳳梨酥文化節官網上，更引述佐伴義式窯烤披薩屋主廚Zocatelli的話：「其實在義大利也有類似像鳳梨酥餅皮的點心，很容易被接受。台灣的鳳梨酥內餡是他從來沒有吃過，這次參加活動，可以吃到台灣鳳梨酥內餡的纖維，非常喜歡。相信這次的活動只是個開端，或許之後回到義大利時可以在當地賣起台灣的鳳梨酥！」由此，我們可以見得鳳梨酥具有無限開發的潛能與競爭力。它不僅可以融合各國的家鄉特色，做成有異國風味的鳳梨酥，但也可以更加入台灣的特色食材，更加強化台灣的本土特色。

我們以「鳳」這個字來代表我們的鳳梨酥。鳳凰為中國古代百鳥之王，赤紅色的雙翼，就如同燃燒的火焰，而且有傳說鳳凰是不死之鳥，牠總是在烈焰之中獲得新生。一方面，「新生」這理念和我們不謀而合，因為我們希望能將台灣的鳳梨酥拓展其無限的可能，並在印度發揚光大，獲得一個全新的意象。另一方面，鳳凰誕生於烈焰之中，這一點就如同我們的鳳梨酥。與現今台灣絕大部分的鳳梨酥不同，我們主打的是「窯烤鳳梨酥」，以特殊的木材燒烤而成，使我們的鳳梨酥帶有窯烤的特殊風味。而在窯烤的過程中，鳳梨酥就如同鳳凰一般，在熊熊的烈焰之中獲得新生。最後一點，台灣就像是一隻生生不息的美麗鳳凰，有著無限的生命力。因此我們希望能用鳳凰，來使印度朋友了解台灣，了解我們的產品理念。

綜觀上敘述，以「鳳」來代表我們的產品可以說是再適合不過了。而我們此企畫書的主題訂為「 When Phoenix Meets Garuda 」則是因為Garuda牠是印度重要的神獸之一，更是印度主神毗濕奴的坐騎，由此我們以Garuda象徵印度。「When Phoenix Meets Garuda 」則是代表著我們台灣鳳梨酥進入印度市場。

對於鳳梨酥，有別於一般廠商使用烤箱烘焙，我們採用的是窯烤，不但可以增加風味，更可融合當地特色。而為了實際了解窯烤鳳梨酥的可行性，我們在新竹市區找到了「薪石窯」，它是台灣第一家主打窯烤鳳梨酥的店家。「薪石窯」整間屋子採用木頭製成，桌子、椅子、櫥櫃等內部擺設皆是木頭製，可以降低窯烤所帶來的高溫環境。窯烤爐用木頭當柴燒，烤出一個個香噴噴的麵包和鳳梨酥。

而他們的窯烤盧，更是師傅不斷地改良，最後得出最適合窯烤的設置。

原料

1. 鳳梨內餡：印度鳳梨的主要產地位於南部的喀拉拉邦。左下圖例為印度鳳梨產地，從資料中可以得知南部絕大部分地區皆有產鳳梨，而店家設於南部大城，原料上的取得應不困難。原則上將運輸南部的鳳梨，以接近店面位置為主；麥芽糖、砂糖，皆為相當普遍的原料。

圖：薪石窯內部構造（范韻如提供）

2. 外皮材料：主要成分為椰子油，印度南部絕大部分皆有產椰子油。原料上的取得也不困難；麵粉、奶油、煉乳、沙拉油，亦為相當普遍的原料。

另外，完全不添加「蛋」為我們產品的另一項特色——「素」的鳳梨酥。為了擴大客源，我們選擇製作素的鳳梨酥，在原料的選取上，因體認到印度有很大部分的比例是吃素食，因此我們不採用豬油、蛋黃等食材，以沙拉油、椰子油等代替。並在正式販賣時的包裝紙上貼上審核過後的綠色標誌（我們的鳳梨酥為奶素），提供消費者參考。

控窯設備

根據訪問，鳳梨酥窯烤過程：首先，放進去八分鐘後，180度轉向烤四分鐘；倒扣之後再烤四分鐘（溫度180度以上）。因為雇用的是印度當地的控窯

圖：窯烤鳳梨酥（謝蓉蓉提供）

師，所以希望以印度當地他們熟悉的窯烤爐為主，再配合鳳梨酥需要的窯烤條件進行改良，並以當地可取的木頭做為柴燒，除了可以使鳳梨酥有木頭香氣，亦可充分運用當地素材。

創業規劃

近程——建立口碑：我們希望在這個階段在印度試個水溫，所以會在印度南部大城的百貨公司裡設專櫃，目前預定在清奈的Spencer Plaza、班加羅爾的Forum以及海德拉巴德的Big Bazaar。先在南部推廣的原因為節省近程的運輸成本，因為鳳梨酥的主要原料都在那裡。以百貨公司為出發點有曝光率高的優勢，藉此節省一些行銷成本，對於還在摸索中的企業來說，是比較低風險的作法。

由於印度電力供應較缺乏，而冰箱又是必需品，因為要保存餡料或是其他易腐化的原料，所以希望以窯烤取代烤箱，發想緣由是因印度有窯烤餅和窯烤雞，因此很確定他們有優良的窯烤技術，也就是有優良的控窯師。再經多方的調查，發現新竹就有專賣窯烤鳳梨酥的店，去田野調查後確認了這是可行的。不過，畢竟冰箱一定需要電力供應，所以店內會購置柴油發電機來因應停電的狀況，但相信在大城市，尤其是在百貨公司裡，其實電力供應量以及穩定度應該有一定的水準，所以用發電機的次數理應不會太高。事實上，烤的技術只需要讓鳳梨酥烤到上色並注意不要烤焦即可，真正重要的是鳳梨內餡的製作而非窯烤。因此我們將窯烤技術派給當地印度人，而印度自有印度烤餅、窯烤雞等需要窯烤的食物，現有的廉價又純熟窯烤人力為我們所需求。

由此，就一間獨立店家而言，我們認為雇用兩個台灣人和六個印度人最為適當。台灣人的部分安排兩個人，可以彼此溝通並負責掌握內餡比例、熬煮等較高階且祕辛的技術，以避免因產品單一、製作過程簡單而容易被抄襲的風險。印度員工部分，我們決定雇用六個印度人，三個負責窯烤（火侯的掌控），三個負責包裝與包餡料。顧及到印度人時常請假、工資廉價等因素，我們使用較多的印度人力，以免有人力不足的情況發生。

在近程的目標客群為中高收入的家庭，主要是因為鳳梨酥的單價高，再加上他們受教育的程度較高，會更願意嘗試新的東西。甜度會分成「台灣糖」以及「印度糖」，主要是配合印度人愛吃甜食的習慣，因為在採訪的過程中，有印度同學希望鳳梨酥的甜度可以更高，不過也有人不希望有任何改變，維持原本的甜度，因此我們採取區分甜度的方式，請客人自行選擇。「印度糖」預定為「台灣糖」的兩倍。

中程——拓展市場、進軍全國：中程的規畫主要是在全國各個百貨公司裡設立分店，並針對近程的一些狀況去做改善。首都新德里當然是個必選之處，另外還有孟買、加爾各答等大城市，都是我們可以進軍的地方。這階段的客群需要依照近程的實際客群調查去做分析，因為當時的設定較廣泛，主

圖：薪石窯窯烤木材（范韻如提供）

打中高收入階層，可是中高收入也分很多個年齡層、宗教信仰、職業等等，這些細項都可以做近一步的分析，更準確掌握營利來源，鳳梨北部也有種植，所以運輸應該不是問題 。

遠程——雙軌進行、打造品牌：進展到了遠程，我們將以設廠以及獨立店家兩種模式雙軌並行。在這階段中，企業對於鳳梨酥在印度的市場有相當程度的了解，所以在這個時間點設廠是最恰當的。建設鳳梨酥工廠是希望可以量化生產，擴大規模經濟，以全國各大城為據點，將鳳梨酥推廣到鄰近的城市。

工廠人力方面原本預定要雇用低廉勞工，但考慮到印度在經濟上的潛力，到時候雇勞工而不用機械未必是降低成本的好方法，所以需要視當時的狀況來評估。當然，標準化鳳梨酥就會如同我們在台灣經過包裝、有品牌的鳳梨酥一樣，不過就會少了窯烤這個特色。基本構想是像台中春水堂原始店一樣，保持原有窯烤的特色並建築古色古香的店面，使顧客能夠體驗一下台灣的傳統文化，說不定還能加上布袋戲的播映以及布偶的展示，當初在訪問時也有詢問過印度人對布袋戲的看法，得知印度有布偶戲，帶像布袋戲如此精美的藝術倒是沒有，所以可以大膽嘗試！

我們也會對鳳梨酥的口味進行多樣化的改變，在訪談的過程中，除了知道印度普遍會加更多的糖之外，還詢問到有哪些香料適合加進鳳梨酥中增加風味的，印度朋友普遍回答是原味（當然還需要更多糖）就很好吃了，不過加入荳蔻或是堅果說不定會有更好的效果，不過這種特殊的口味在台灣也沒有，所以就需要廚師來研發最佳的做法以及比例了。順帶一題，荳蔻為印度奶茶的靈魂，而印度許多甜點也會加堅果粉，所以這兩項原料加進鳳梨酥中應該不會有太大的違和感，只是有待研發最佳配方。最終，我們希望能打造屬於自己的鳳梨酥觀光工廠，詳細介紹鳳梨酥的由來以及其製造過程。

銷售策略：以「鳳」的意象，強化商品的特色

一家店是否能夠成功吸引顧客，其第一印象扮演著舉足輕重的角色，一個人進入一家店，先留意到的便是店內的擺設與裝潢。因此，在店內的牆上顯眼的位置將會掛上色彩鮮明的油畫，以鳳凰浴火重生為主題，再放上台灣鳳梨田的照片，並放置顆設計精巧的地球儀，吸引顧客的注意。

「鳳」是個很好的意象，因印度教崇尚多神信仰，神明皆有自己的坐騎，而「鳳」為中國古代傳說的神獸，在看到鳳凰浴火重生的油畫後，顧客可能會將「鳳」與印度教神祇及坐騎產生聯想，因宗教的連結而留下印象。此外，在百貨公司設專櫃，有品牌的商品是有優勢的。鳳梨酥為台灣的名產，放入台灣鳳梨田的照片，強調鳳梨酥點心最初源自於台灣，讓顧客有台灣品牌的概念，一方面可以推廣台灣的特色，另一方面也可以吸引顧客對品

牌的留意。而放置地球儀，店員便能向顧客介紹台灣在哪裡，進而與顧客談天，增加店家與顧客的互動，給顧客親切的店家形象。我們也會在店家擺設桌椅，讓顧客可以在店家內享用鳳梨酥，並附贈印度當地的茶，增加顧客好感。而我們也會在店內放置一些自己創作的英文書，像是介紹台灣與鳳梨的書，或是與「鳳」有關的繪本，適合大人與小孩閱讀，更加深品牌形象。

促銷活動，在商品行銷中是很重要的一部分。一開始，為了吸引顧客，我們決定推出免費試吃活動，在開幕的第一周，每天提供50個鳳梨酥供顧客免費試吃，因為限時限量，便會吸引顧客排隊試吃，有排隊人潮後，便能打通店家的知名度。接著，便是不定期推出買一送一的活動，我們想模仿星巴克好朋友分享日的模式，鎖定一個一個時段，例如週六中午12點到晚上6點，顧客買一盒鳳梨酥，便送一盒鳳梨酥，讓顧客願意攜伴而行，增加更多客源。我們還會增加類似集點的活動，例如顧客買十盒鳳梨酥便送一盒鳳梨酥，讓顧客為了集點而願意多買我們的鳳梨酥，增加銷售量。

利用社群網站，建立知名度

網路是商品行銷重要的管道，利用網路，可以增加產品的知名度，近年來，社群網站蓬勃發展，形形色色的社群網站崛起，也提供更多的廣告手法與宣傳途徑。而社群網站在印度的使用量如何呢？請參閱以下資料：

社群網站	印度用戶數/全球用戶數
Facebook	1.148億/11.9億
Google+	3000萬(估計值)/3億
Twitter	2000萬/2.3億
LinkedIn	2200萬/2.5億
Youtube	超過5500萬/月獨立造訪量10億

資料來源：PunNode科技新創榜，http://punnode.com/archives/10036

根據以上資料顯示，印度使用社群網站的人數十分可觀，而Facebook更是超過1億人口。所以我們決定除了架設自己的網頁之外，也會在Facebook上經營粉絲專業，如果顧客來店打卡，並在粉絲專業上按讚，且在動態時報上分享粉絲專業，便可享有購買鳳梨酥95折的優惠，而我們也會將宣傳影片上傳到Youtube，內容是關於「鳳」、台灣、以及店家的介紹，還有顧客享用鳳梨酥的心得，並分享到粉絲專業上和自己的網頁上，用網路搭配影片增加宣傳的效果，吸引更多顧客。

以窯烤DIY為特色，結合觀光活動

我們的遠程計畫是期望最終能在印度設鳳梨酥工廠，並廣為開設獨立的窯烤店家。在擁有屬於自己的獨立店家之後，我們會發展以窯烤DIY為特色的觀光活動，讓顧客可以DIY，親手製作窯烤鳳梨酥。在假日我們會不定期舉辦一些親子DIY的活動，讓父母和小孩同樂，一同體驗窯烤鳳梨酥的樂趣。平日的話則可以與附近的小學合作，舉辦校外教學，讓老師帶領學童來參觀窯烤鳳梨酥的製作，師生同樂，推廣台灣窯烤鳳梨酥。或是開放大眾在參觀鳳梨工廠以及鳳梨田，發展觀光活動。

以顧客的回饋與評價，研發新的口味

為了增加商品的多元性以及不失去商品的新鮮感，新口味的研發是遠程計畫重要的任務。我們在近程與中程計畫執行的過程中，必須與顧客培養良好的關係，可以嘗試製作一些創新的口味給顧客試吃，詢問顧客的評價，作為遠程計畫研發新口味的參考。在執行遠程計畫時，多方嘗試，例如增加一些印度常用的香料，像是荳蔻與堅果，或是嘗試使用印度的當季水果，如芒果等，製作為內餡，為商品創造更多的可能性。

圖：印度的蔬果市集

表：SWOT分析

Strengths	Weaknesses
印度人本身愛吃甜食 鳳梨酥為台灣伴手禮首選 一年四季都有鳳梨 原料在印度皆有，省去進口費用 純素為每人皆可品嘗的食物 相較印度甜點的有效期限較長 窯烤增加產品特色 鳳的意象與印度宗教的聯想	鳳梨酥在高溫下的保存問題 單價高，客群相對較窄 產品過於單一 原料（鳳梨）與產品的運送較困難
結合台灣文化 加入香料使台印元素融合 利用印度特產芒果研發芒果內餡 鎖定中高收入為目標客群 由社群網站以及印度廣大的人口發揮一傳十、十傳百的效果	作法較簡單，技術有被抄襲的疑慮 鳳梨酥本身較乾，異於大部分的印度甜點 甜點式商品因產品生命週期的變化失去新鮮性而沒落
Opportunities	Threats

表：商業模式構成要素

商業模式九大構成要素	
1. 顧客群	大眾市場 中高收入族群
2. 價值主張	窯烤製作的鳳梨酥 台灣品牌
3. 通路	從在百貨公司設置專櫃到擁有獨立的專賣店
4. 顧客關係	店員服務顧客，顧客提供對新口味的評價
5. 收益流	鳳梨酥之獲利
6. 關鍵資源	鳳梨酥配方 窯烤製作技術
7. 關鍵活動	鳳梨酥之製作與行銷 新口味的研發 與觀光的結合
8. 關鍵合作夥伴	百貨公司 鳳梨供應者
9. 成本結構	原料、人力、店面 保存、運輸、行銷

成本估算

因印度南北部及城鄉差距，故大部分成本難以準確估計。

基本人力成本：

1. 雇用兩個台灣人，負責掌握內餡比例、熬煮，主要就是對配方的管理。
2. 雇用六個印度人，三個負責窯烤，三個負責包裝以及內外場的整理。

3. 雇用管理經理，若是擔心管理不慎，可雇用具管理專長的經理，但是會增加額外的支出。

這部分因為各個城市薪資條件不同不明確所以難以估計，不過以獨立店家基本人事支出包括：台灣廚師兩員、印度控窯師三員、專櫃服務生及鳳梨酥後製三員。這是對單純人力的分析，至於薪水部分台灣廚師畢竟掌握原料配方需要較高的薪水做聘請，而印度雇用員工根據作業項目以及工作時數做調整，加上印度基本工資低廉，可以善加利用。

運輸成本

關於鳳梨及其他原料的運輸，因為基本上大部分原料還是使用印度產出，除了鳳梨，其他原料比較沒有保存期限的問題，所以大多採火車及貨車運輸為主，所以只考慮火車及貨車運送的支出。運輸成本因地方考量可以在當地另做協商，主要要確保固定及安全的運送產品。

店租及水電成本

要在百貨公司或者各大賣場設立店面，店租會是一大開銷，通常價格不易談而且昂貴，店租需要經過標案或是協商，價錢很難立即做出正確的分析。不過既然要在百貨公司開店高價位的店租是必須預期的。關於水電，電力供應需要支出在店內電燈招牌各項製作設備以及冰箱上，電力支出會相當大。水則是在製作及清理上會大量使用，但需要考慮到當地水質問題還要另外購入淨水器。水電成本根據當地價格變動而調整。

原料及設備成本

以下為製作鳳梨酥所需的主原料及次原料：

表：原料成本

鳳梨 綿冰糖	主原料需求量高，價格隨市場變化調整 次原料所需一般，價格穩定
麥芽糖	主原料所需量高，價格穩定
砂糖	主原料所需量高，價格穩定
沙拉油	主原料所需量高，價格穩定
麵粉	主原料所需量高，價格穩定
葛根粉	次原料所需一般，價格穩定
椰子油	主原料所需量高，價格穩定
大豆卵磷脂	次原料所需一般，價格穩定

圖：印度麵包店（方天賜提供）

表：設備成本

攪拌	當地購入，要考慮銷售量大小做調整機器大
冰箱	考慮展示問題可能需購入兩台以上（展示與原料保存功能）
柴火	使用一般柴火即可
柴油發電機	主要應因當地可能斷電問題
鳳梨酥包裝	基本價格低廉，考慮降低成本可一次性大量購入
店內裝潢	基本裝潢價格依當地作業薪資調整，桌椅及其他擺設想吸引中高消費族群可能需一定品質

表：宣傳成本

網路架設	可以請專人架設或自行架設
宣傳廣告拍攝製作	可能需要定期更新廣告內容
傳單海報	數量依電視電影做調整
電視電影廣告	跟當局電影電視製作購買播放額外支出

基本上各項原料都算便宜，也很好找來源，最主要是幾乎都可以在印度市場上找到，重點是盡量找到安全及乾淨的貨品來源以避免不必要的食安問題以及支出。

早安晨之美——台式早餐

賴煌霖、姚定嘉、徐芷翎、林明葦、錡嘉瑋

在台灣早餐店隨處可見，很多人都每天都會去光顧，雖然早餐店在台灣已經很密集了，但是每間店在上學、上班期間生意還是都非常的好。台灣的早餐店樣式豐富，口味十分的多樣化，有素食也有葷食，有的清淡有的口味則較重，可以滿足不同人的喜好。此外早餐店不只方便還很迅速，靠著老闆早起的準備，早餐店在營業時可以快速的做出餐點，讓客人不用花很多時間等待，對於一些趕時間的客人外帶則可以滿足他們的需求。另外台灣的早餐店很多都有報紙和期刊給客人瀏覽，有些還會有電視播報新聞。台灣的早餐店讓人們都可以有精神地度過美好的早晨。

根據我們對印度人的訪談，有些印度人沒吃早餐只是因為懶得在家自己做或是趕著上班而非不想吃早餐，因此我認為台式早餐店的便利性以及美味可以使他們接受並且能夠更有活力的度過早晨。我們訪問了幾位印度人，他們都表示不排斥台灣的早餐，台灣早餐選擇多樣，美味受訪者的偏好略有不同，但是都有各自喜歡的台式早餐。

台式早餐店的種類很多，有蛋餅、燒餅、油條、蘿蔔糕、小籠包、包子、蒸餃、鐵板麵、粥、漢堡、三明治等，每天都可以選擇不一樣的早餐，讓客人吃不膩。葷素均有，同時滿足素食者及葷食者。蘿蔔糕、燒餅、油條、鐵板麵、蔬菜漢堡可以提供素食者，而葷食者則是有小籠包、蒸餃以及搭配火腿、雞肉的蛋餅或漢堡。台式早餐店提供多種飲料來做搭配，如：豆漿、米漿、柳橙汁、紅茶、綠茶及奶茶。讓客人可以根據喜好及餐點選擇搭配。台式早餐店的料理十分的迅速，可以節省客人等待的時間，也可以讓店家收更多訂單，可說是一舉兩得。成本不用太高，店面通常不需特別裝潢，廚房、櫃台、洗手台都可以結合在一個空間，座位區也可以使用折疊式的桌椅在營業時再拿出來。

台式早餐的菜色較多樣，這是優點但是也導致準備的時間需要比較長，因此店員必須凌晨就要開始進行準備的工作，可能在招募員工上需要多加注意。早餐的菜色較為複雜，有時太忙可能將客人的配料搞錯，像是將A客人的火腿蛋餅做到B的雞肉漢堡，並將B的雞肉加到A的蛋餅，此外有時加蛋或起士可能遺忘或多加。早餐都是熱的才好吃，冷了就不好吃了。而且保存期限也不常，因此在食用上需盡快食用完畢，存貨也必須多加注意期限，並且由於印度電力供應不穩，因此食物的保存是一個困境之一。台式早餐的葷食經常會使用豬肉來內餡，像是小籠湯包、肉包、三明治、漢堡、蒸餃等，這些會與當地的伊斯蘭教徒的宗教信仰相衝突，並且當地也有非常多樣的宗教，像是有印度教、錫克教等，每個宗教都有其不同的飲食禁忌，因此宗教信仰的克服人仍是我們非常大的劣勢。

圖：錫克教男子與男孩沐浴祈禱（方天賜提供）

我們販賣的台式早餐店價位屬於平價，並且會針對稍微比較有錢中產階級作為我們的目標客戶，並且往中高收入的族群發展，因此我們目標客群是在首都附近的中產階級者，像是學生、上班族等，然而其中大學生作為核心的目標族群，因為他們可能擁有較多空閒時間，並且也有足夠的經濟基礎，因此這些皆為我們目標的客群。我們主要的價值定位有新穎、便利性並且還有以顧客為中心，由於我們台式早餐與當地的早餐仍有差異，對於他們來說，我們的產品是具有新鮮感與便利性的價值，除了新穎的台式口味之外，從點餐到給他們餐點都不會占用太多的時間。並根據當地顧客的需要更改口味或新增一些更具當地化的產品。

通路方面則選擇以店面方式來營業，並且會搭配外送及外賣的服務，並且也可以與公司或是學校的合作來拓展通路。由於當地人通常會太忙並且也沒有外食習慣，因此以便宜且便利的行銷策略，來獲取公司及學校的合作，並且加上外送和外賣，使在家用餐的族群也可以更加便利的享用早餐

開一家台式早餐店所需的資源有人力資源、自然資源等生產要素，由於主要在實體店面銷售，因此必需了解到當地的店面的租金及機器設備的價錢，此外也需要一些知識資產，像是產業的合作關係等所需的資源。主要的營運項目為銷售台式早餐來獲取收入，並研發新的產品；此外像是找尋合作的對象，以增加產品銷售通路，以及維繫舊客和獲取新客所需要的活動皆列為營運項目之中。

供應商也是重要的合作夥伴，尋找一個主要的供應商以供應可靠且便宜的原料，降低製作產品的成本。生產資源的成本，像是店面的費用、人力的費用，或是一些營運項目的成本，加上促銷及廣告所需要成本，抑或是產品所需要的原料也是成本之一。食材若要進口印度，需要考慮到貨幣匯率、出口成本、運送成本的問題，以及與印度當地海關的進口動向，是否符合所能接受的成本額內，抑或著使用當地的原料製造食材，皆必須列入考量。

SWOT分析

1. 優勢

(1) 菜色多樣化，讓客人保有新鮮感。
(2) 多種飲料提供選擇，讓客人可以根據喜好及餐點選擇搭配，也可利用搭配套餐而增加早餐的收入
(3) 多種不同配料，提供多樣的搭配選擇，可以使客人體會到不同的風味
(4) 葷素均有，同時滿足素食者及葷食者，並且可以滿足當地不同的宗教信徒
(5) 料理迅速，節省時間，讓繁忙的客戶有可能來消費
(6) 設置成本不須太高，增加一個新的市場不需要花太多成本

2. 劣勢

(1) 事前準備時間較長，因此必須花較多時間訓練員工
(2) 賞味期限較短，並且需要可以不怕沒有電力的冷藏系統，因應當地可能會停電
(3) 宗教信仰的多樣性，每個宗教都有其不同的飲食禁忌
(4) 生活習慣的差異，可能因為生活習慣的不同而不消費

3. 機會

(1) 印度首都擁有絕佳的經濟條件
(2) 當地生產要素價格較為便宜，因此生產要素的成本可以控制的比較低
(3) 當地台式早餐市場並還沒被開發，因此可以跟當地的早餐業做出區隔，往中高經濟收入的市場開發
(4) 印度擁有龐大的人口，擁有一個龐大的市場，即使只能掌握印度1%的市場，也可以賺進大量的金錢

4. 威脅

(1) 若無法與當地早餐業做出區隔，印度當地民眾可能會選擇當地的早餐店，當地的早餐業的競爭是我們的一個威脅之一

(2)對當地的不瞭解，相較於當地產業，我們無法掌握到當地的政策或是確切的生產要素價格

(3)當地高經濟收入的人可能會去印度當地的高級飯店享用早餐，而不會選擇我們的食物來當作他們的早餐，因此這些飯店業也是我們的一個威脅之一

市場的定位

地點選擇：首先選擇新德里，為印度首都，亦是經濟及學術重鎮。

客源選擇：由於台式早餐店整體價位屬於平價，預期針對小康以上的中產階級，經營策略針對以下三種主要客源。

大學生：預期會將店面開在大學附近。印度的大學生有一定比例具有經濟消費能力，吃膩了學生食堂，便可嘗試一下不同的口味與感受，台式早餐。

一般家庭：可以購買食材或進行外帶，豐富印度人的早餐口味及選擇。

旅行者：離家的旅行者不便自行烹煮食物，通常會選擇直接購買店面上的食物、餐點。

區位選擇

交通：為確保食材的新鮮，需要有固定及穩定的食材來源，可在新德里找好附近的農家及廠商合作，保證穩定食材源。

圖：販賣奶茶及吐司的攤車（方天賜提供）

人力：廚師及店面管理人預計會找台灣人，而服務生、店員等則會直接在印度徵當地人，部分員工可徵收當地欲打工的大學生，使台式早餐店可以藉由打工的大學生宣傳出去並帶來更多客源，且印度當地大學生作為店員對印度客人將更有親和力及熟悉感。

電力：做餐飲業首重食物的保存及新鮮，新德里作為首都，停電的機率相對較小。

經營模式

我們所設想的實體店面如同台灣常見的早餐店一樣，會有擺在架上的三明治，而廚師會直接在外面烹煮早餐，並必須儀容整潔、戴上口罩帽子並將頭髮整理整齊，料理台預期做成透明的，讓客人可以一目了然製作過程。由於印度人普遍有邊閱讀報紙邊吃早餐的習慣，因此店內備有電視及每日的報紙，讓它們可以邊吃早餐邊了解近日新聞。

產品的所有醬料除了基本的少量鹽、油、醋等等，都留給客人自由添加。店內會置有一個香料醬料台，不僅有台式常見的醬油、醬油膏、甜辣醬、烏醋、辣椒醬等等，還有印度當地常見的香料原料，以下列出較常使用的香料：

印度黑鹽(Indian black salt)：即石鹽，雖然名為黑鹽，但其實它的色澤類似玫瑰色；黑鹽富含各種礦物質如鐵、鈣等，風味獨特。

鬱金香粉(Tumeric)：呈金黃色，可強肝、抗氧化、淨化血液、利尿；可殺菌、防腐、促進腸子蠕動。由於特別能促進蛋白質的消化，所以，印度咖哩豆湯中，少不了鬱金香粉。

小茴香子(Cumin)：在油熱時放入小茴香子，便可即時釋出它濃郁、老少皆宜的香味。先微烤過，再磨成粉，撒在蒸好的蔬菜上。

甜紅椒粉(Paprika)：多為產自喀什米爾的甜紅椒，乾燥後磨成粉。和市面上常見的匈牙利甜椒粉一樣，不辣，但是能為食物增色。淋了優酪乳的米飯上的一抹甜紅椒粉，賞心悅目。

丁香(Clove)：可淨化血液，幫助消化。剛曬完的幹丁香，顏色是棕紅色的，有油分、味道甜、微辣。因為味道強烈，在做菜時並非是可以大量使用的香料，但若加上指頭尖一小撮的量，會產生微妙的滋味。

小豆蔻(Cardamon)：豆莢小而圓，呈很淡的綠色；有些會漂白，但味道也差了些。豆莢中的子是黑色的。呈淡綠色的小圓豆莢優於較白的，因為其中的子保留較多的揮發性油脂。多半用來做牛奶甜點。做糖蜜時，加幾顆小豆蔻同煮，會產生別致的香味。

葫蘆巴子(Fenugreek Seed)：藉於棕色和黃色之間，有點像方形的種子。

適量的葫蘆巴子可助消化。在熱油中的葫蘆巴子轉為紅棕色時，便應加入食材或液體；會有特別的炭烤氣味。

綠茴香子(Fennel Seed)：綠茴香子色澤淺綠、帶點兒黃色調，形狀態類似兩端微微卷翹的小茴香子。嚼起來有甘草味，所以印度人在飯後會嚼一些綠茴香子助消化，並使口腔清新。

阿魏(Asafetida)：阿魏的原料來自幾種不同品種的綠茴香植物(fennels)的汁液，顏色的範圍頗大，有黃色、棕色，也有深咖啡色、黑色。味道濃烈。有類似大蒜的天然味道。是一般印度料理不可少的香料。

黑芥末子(Black Mustard Seed)：味辛辣、熱性。加水、薑、辣椒磨成泥後，做成略為嗆鼻的的醬，可加入各色蔬菜中，是很家常用香料。加進熱油後，黑芥末子會跳躍起來，釋出香味。

其他香料：番紅花(Saffron)、酥油(Butter)、薑(Ginger)、香菜(Coriander)、肉桂(Cinnamon)、印度紅辣椒(cayenne pepper)等等。

圖：各式印度香料（方天賜提供）

為擴充收入來源，店面同時會販賣一些台式餐點的食材材料，或是與當地的批發商或零售商合作，販賣一些台式早餐的食材，如：蛋餅皮、蔥油餅皮、蘿蔔糕等等。

合作關係

公司合作方面，可以設一個餐車，販賣蘿蔔糕、蛋餅、燒餅、油條、饅頭、包子、煎餃、炒麵之類，包子煎餃等有豬肉餡的餡料改掉，包子賣菜包、竹筍包、豆沙包、素肉包等素包子，煎餃線可以改成全是菜或者素肉，也可以一起賣印度的naan或roti，飲料方面，豆漿可以賣鹹的與甜的試試看哪種比較受歡迎，其他常見的紅茶、奶茶、牛奶、果汁等也都放進菜單裡供選擇。

而在校園裡則以偏向賣材料的形式，根據與印度人的訪問內容，印度似乎沒有學生餐廳這種東西，反而是宿舍內一同煮給所有人吃，所以可以考慮跟宿舍合作，以低價高量的方法販售材料，一方面可以推廣台式料理，另一方面或許印度人面對我們的食材會創造出新的我們想不出的料理方法，對之後的發展或許會有幫助。因為是賣材料，所以販售的項目就偏向能長期保存的東西為主，像是蔥抓餅、饅頭等可以用冷凍保存的食材。

若能與當地飯店商業合作，販售的項目就不會有太大的限制，除了飯糰炒麵等有上面說過的缺點不適合販售外，其他的項目只要在口味上做調整，都可以拿出來賣，但是要找到肯合作的飯店是最難的地方。

困難與解決

由於印度人飲食上的禁忌比華人複雜很多，在以豬肉為餡料大宗的中式餐點裡，餡料都要改成別種食材，但台式早餐大部分都可以做成素食，並非不可行。口味差異的部分，印度是個香料大國，印度人也習慣各種口味非常重的醬料，要用中式的醬料贏過印度可能性很低，所以把印度本土的醬料加入選擇中，讓印度人自己選擇自己喜好的口味。

原料選擇方面，除了麵食外，米食在中式早餐中也是重要食材，像是粥、飯糰；然而印度本土的香米黏性非常低，要捏成如同台式的飯糰會增加其困難度，更別說是傳統粽子，如果想從中國進口適合的米成本又太高，在販售的項目上勢必會被限制。

最後，在與印度人的訪談中得知，大部分印度人吃早餐會在家裡自己做，在這種文化之下，外來的早餐種類很難存活。但在訪談過程中，一些印度友人時有提到喜歡吃漢堡跟三明治，或許是因為英國曾經殖民的關係讓西式早餐能打進印度市場。這也說明以長期投資的眼光來看，中式早餐也是很有機會成為印度早餐世界的一部份的，而且葷食比中式早餐多那麼多的西式早餐都能成功，中式要在印度立足不會太困難，再加上印度Roti是印度常見的早餐，表示餅類的接受度應該不會太低，所以中式的蔥油餅、蔥抓餅、蛋餅等餅類可能是最有機會打入市場的。

畢竟一日之計在於晨，如果能有吃一頓美好的早餐，無論工作或上學，當天就會有愉悅的心情去完成許多事情。就台灣的早餐文化來說，林林總總的食物選擇，每樣食物皆有其特色和美味，若能將此飲食文化帶入印度，讓印度人能夠體會台灣早餐的獨特所在，想必能夠使印度的居民有個美好的一天，有個美味的早晨。

生活在台灣的我們，已經習慣了自己的文化，對於外來的文化，一開始都有排斥感，但漸漸地最後也會內化成台灣文化的一部份。所以對印度來說，台灣早餐是一種外來文化，印度人對文化的敏感度又相當高；因此必須藉由迎合印度人的方式去融入印度當地的文化，當文化漸漸能夠融和時，再推廣台式早餐獨特之處，對於創投計畫是不可或缺的步驟。因此，本文內容皆以印度為出發點，去改變不同於台灣的經營方式及食物供應，讓文化和文化之間有座橋梁可以連接，畢竟我們是經營者，印度是我們的顧客，顧客的任何想法及文化習慣都是經營者必須考量的地方。

圖：印度麵餅攤位（方天賜提供）

所期望的經營模式也有許多種，但以實體店面為主要經營模式，若經營的效果不錯，就可以朝其他經營模式的部分多加著墨，也可考慮和其他產業合作，如公司、觀光旅館等，讓我們的產業能夠打響知名度、拓展產業區域。透過訪問或網路資料，台灣的飲食文化也是被印度人所接受的，但如何藉由經營方式，讓我們的台式早餐從「可被接受的」轉變成「喜歡的」，這就是我們所期待的目標，也是本文內容中的最終目的，若一個產業僅僅是可被接受而已；長期而言，此產業也將會沒入夕陽。數據化調查結果，分析市場調查，試著透過這些過程，讓我們的產業能夠被印度所接受，也是我們對於行業的共識。

早餐為三餐中最重要的一餐，台式早餐象徵著台灣飲食傳統，將此為經營目標帶入印度市場，其潛力相較於其他西式早餐來的高，西式早餐已深入各地文化，台式早餐反倒能讓印度的居民，更能體會到其特色及新鮮的地方。

雞腸轆轆——台灣夜市小吃

林奕廷、楊杰穎、洪詣軒、黃世耀、朱怡頤

華人的飲食文化源遠流長，台灣夜市小吃更是國際知名的中華美食代表之一。道地的夜市小吃代表著台灣彈性、多元的飲食文化，其中雞排擁有台灣獨特的口味和醬料，滷味更是以獨特的烹調方式融合了各種食材，都是深具台灣特色的小吃。因為考慮到大多數印度人不吃豬肉和牛肉，因此我們選擇了雞排和滷味當作此次在印度計畫販賣的商品，希望以台灣獨特的烹調方式融合印度當地的口味進軍印度小吃市場。

SWOT分析

雞排

優勢 (Strength)

台灣雞排擁有獨特處理雞肉的醃製技術和酥炸技巧，例如以中藥和香料等調味料進行雞肉的醃製，而台灣夜市雞排擁有幾十年的烹調經驗，對於各種調味料比例和份量的拿捏已經非常熟悉，不會影響到雞肉本身的甘甜。台灣雞排有著獨特的醬汁口味，而印度的食物通常融合了各式各樣的香料，因此可以彈性的變換成印度人口味的香料及醬汁進行醃製和酥炸，迎合大多數印度人的飲食習慣。雞排炸好後就可以直接用紙袋裝著帶走，對於繁忙的上班族和學生族來說非常方便攜帶和食用。

劣勢 (Weakness)

印度的消費水平較台灣低，所以販售的價格及營運的成本考量需要做完整的計畫和評估。而印度人對於外來文化的飲食相較不太喜歡，所以需要在雞排原本的口味上做一些調整，設法融入當地的飲食特色。另外，印度人的正餐時間和台灣不一樣，所以必須思考雞排的定位是正餐或是點心，在份量上做調整。

機會 (Opportunity)

印度除了素食者以外，主要就吃雞肉或羊肉，所以雞肉的市場相對龐大。台灣雞排掌握了獨特的醃製方式和酥炸技巧，加上印度人相對不熟悉台灣雞排口味，正可以創造獨特的口味和醬汁吸引顧客，讓印度人體驗不同文化的飲食特色。

威脅 (Threat)

在印度已經有類似雞肉串燒的chicken kabab小吃，而且價格相對非常便宜。另外，國際連鎖的速食店例如麥當勞和肯德基都有販賣炸雞，已經有了相當的知名度，所以需要思考如何創造獨特的口味並以不同的行銷方式來吸引顧客群。

圖：印度烤雞肉串（方天賜提供）

滷味

優勢 (Strength)

台灣滷味擁有獨特口味的滷湯，以專門配方的中藥包如八角、茴香、肉桂等，並能依個人喜好加入不同食材熬製而成。台灣滷味掌握了關鍵的滷湯熬製配方，非常具有台灣飲食特色。

劣勢 (Weakness)

因為滷湯是用中藥熬煮而成，味道相對較重，印度人可能不太能接受；加上很多中藥配方和食材因為印度沒有生產，需要仰賴從台灣或是其他地區進口，原料成本就會提高。

機會 (Opportunity)

滷味對於印度人是全新的一種食物，關鍵是在於滷湯的烹煮口味，如果能符合印度人飲食習慣例如將湯頭改成較辛辣的口味，或許能讓印度人接受度提高。

威脅 (Threat)

印度小吃價格相對低廉而且已經普遍被當地人所接受，所以必須在滷湯的口味和味道上做些創新或是改善，更貼近印度人的口味。

一開始我們會想要訪問雞排這個主題是因為在台灣的夜市中，常常一走進夜市中，就有陣陣的炸雞排香撲鼻而來，每次都讓人垂涎三尺，恨不得趕快買一塊來吃，而印度正好沒有雞排這類產品，因此我們決定利用這個機會採訪在台灣讀書的印度人，看他們對雞排的看法如何。採訪的結果，印度人對台灣的雞排接受度蠻高的，台灣的雞排在口味方面已有相當的多樣性，且發展那麼多年在技術層面上已經純熟，若再配合印度當地的飲食習慣、文化，研發出符合當地人口味的雞排，應該會有一定的商機，使我們更進一步的想要怎麼把台灣的雞排搬到印度去賣。

首先，第一個問題是販賣的時間，印度人的晚餐相對於台灣用餐時間較晚，大約在八點半到九點之間屬於他們正常用餐的時間，這麼晚用餐的情況下，一般情況下到睡前是不會再進食，因此我們可能要跟台灣的販賣習慣有所不同，例如：把雞排當成下午點心賣（印度人有吃點心的習慣），但其實印度也是有夜市文化的，因此另一個方案也可以像台灣一樣在印度夜市裡賣雞排。有不少印度人因為蠻多人不能吃豬和牛，所以「雞」是許多印度人的首選，也因此跟雞有關的料理其實已經不少，例如：咖哩雞、Kebab（卡博串）……等，這都是一些他們常吃的料理，除此之外，還有知名連鎖店「肯德基」，也有賣很受歡迎的炸雞，若要將台式雞排成功打入印度市場勢必要有特別的之處和成功的行銷策略，才有機會成功在印度站穩腳步。

圖：印度香料奶茶（方天賜提供）

在販賣口味的部分，我們想在印度提供多元的口味供印度人選擇，像是辣味、泰式椒麻、藍帶起司或是合印度人口味的咖哩雞排，以市場調查方式，詢問印度人的喜好，賣的好的就大力推銷，賣差的就換新口味以符合印度人的胃口，可以以口頭或回饋單的形式作為改進的方向，虛心的接受指教，將販賣雞排、找尋適合印度人的口味兩個目標並行，如此一來，久了之後自然可以找到最佳的口味，一舉兩得。

每當吃完美味多汁的雞排過後，通常都會覺得口渴，除了提供免費的白開水之外，在販賣雞排之餘，我們也想把台灣備受好評的飲料帶到印度去，像是綠茶、奶茶、紅茶……等，可是印度人的喝茶習慣跟台灣人不太一樣，他們喝茶大部分喜歡喝熱的，而且蠻多人喜歡加大量的糖；此外，不像台灣的手搖杯，六、七百毫升對他們來說量有點太多，整合以上，我們會販賣小杯的熱飲，提供給印度人做選擇，讓他們除了吃雞排之餘，還可以順道品嘗香濃的茶品，也算是一種另類的享受吧！

原料的部分，雞排的原料「雞」在印度也比台灣便宜許多，因此在這部分原料成本也相對降低些，而茶的部分，正好可以利用印度的優勢，印度的茶葉在世界上是很有名的，所以在原料上可以好好利用印度當地有的資源，但如何在當地找到一個穩定的供應商，和供應原料的廠商合作，也是個重要的課題。至於行銷手法這個部分，如前面提及的，印度的肯德基已經普遍受到印度人都歡迎，因此為了要吸引更多的客人上門，會先以試吃的方式讓印度人可以很快的熟悉產品，讓他們可以嘗試各種口味，找到喜歡的，並在一開始打出「買雞排送茶飲」、「買一送一」……等促銷方法，希望可以增加顧客的購買意願，等促銷期過了以後，每週推出一種優惠方案，例如：「買咖哩雞排+2盧比送一杯小杯熱奶茶」，每週不同的搭配，除了可以吸引撿便宜的顧客外，還可以透過不同口味特價的模式，吸引喜歡不同口味的顧客上門，除了每週優惠外，我們還可以做平常就有的優惠，如同麥當勞套餐那種型式，雞排+飲料xx元，增加顧客的選擇性。

關於設店的地點，有幾點考量，首先盡量避開肯德基、麥當勞……等大型連鎖店附近，因為他們已經有龐大的客源，小型新興的店鋪不適合和他們正面競爭。接著，在大城市或人多且較有經濟能力的地方開店，提高雞排的曝光率，至於設在比較有經濟能力的地方，是因為雞排通常是正餐外的點心小吃，所以要有一定經濟程度的人，比較有多餘的錢可以購買。最後，可以設在夜市裡，當作是宵夜或晚餐販售。

美食，已成為許多國家文化輸出與國際推廣之主流，而台灣美食有匯集中華文化與異國風情的特色，有鑑於此，台灣的好味道，應該讓全世界的人都知道。而提到台灣美食，則不得不提到滷味，其為台灣經典的平價美食小吃之一，那甘醇濃郁的滷汁搭配各式各樣的新鮮食材，交織成一幅最美的美食拼圖，征服了不少台灣人的胃。而在印度，沒有像滷味這樣的產品，因此這似乎是個具有潛力的市場。經營方式可以讓消費者自由搭配食材、麵食、湯頭、醬汁。地點設置在大城市或經濟能力較佳的地區。由於滷味是走健康、創意、新穎的路線，所以主要的消費族群設定為較具經濟能力的白領階級，因此地點選為大城市或經濟能力較佳的地區。另一因素是由於從高階市場開始起步再打入低階市場會比較容易，反之則否。

為了達到吸引消費者的效果，可能選擇三角窗店面，藉由雞排跟滷味的香氣傳出，吸引消費者前來購買。滷味店面佈局採取簡約、乾淨、具現代感的風格，分成蔬食與葷食兩區。另設一面蔬菜牆，洗乾淨的蔬菜放在玻璃杯內形成一整面的蔬菜牆，作為滷味店的另一特色。廚房透明化，使消費者能看見食物的烹煮流程，吃得安心也吃得舒心。產品價格樸實但有高品質的視覺與味覺饗宴。走健康樂活的高質感路線，把滷味變成一種時尚。食材以透明塑膠袋分開裝，製作小牌子，以顏色作為價錢的區分，對各種食材做詳細介紹，並標示卡路里。

根據訪談的幾位印度友人結果發現，印度人非常重視外觀與味道這兩點，有鑑於此，我們不同於一般在路邊販售的滷味，把所有食材通通放在一起，且讓食物直接與空氣接觸，這樣是比較不乾淨衛生而且不美觀的方式。為了達到高品質的視覺與味覺饗宴，我們改採取把所有食材分門別類，不同的食材就放在不同的籃子裡，並以透明的小塑膠袋子封裝，如此一來不但乾淨衛生，又不會沾到手造成黏膩的不適感，更能讓消費者可以清楚看到食材的內容。

圖：印度塔里(Thali)套餐美食（方天賜提供）

此外，也將提供大的塑膠菜籃，讓消費者在選購的時候能將食材放入其中，體驗像逛菜市場一樣的購物樂趣。由於台灣的某些食材像是貢丸、糯米腸、水晶餃、杏包菇、金針菇等等，對於印度人而言是全新的食物，考慮到他們也許會不慎理解，因此製作小牌子，夾在各個食材的籃子上，對其內容做詳細介紹，像是成分、來源地等等。為了達到便民和方便計算價錢以節省結帳時間的效果，以小牌子的顏色作為價錢的區分，例如10元的用藍色 20元的用綠色等等。有鑑於近年來人們越來越重視健康，在小牌子上標示各種食材的卡路里，讓消費者在享用美食的過程中又能管理自己的健康。

銷售管道大致分成開設實體店面以及網路行銷兩部分。網路行銷部分以豆類製品為主，例如豆干、海帶、鳥蛋等等，以宅配方式送貨到府。以網路行銷的方式做宣傳，可藉此打開知名度。販賣內容以豆類製品、蔬菜、菇類、麵食為主，雞肉魚肉為輔，提供免費的檸檬水。考量到印度人的信仰以及當地的飲食習慣，滷味的內容以豆類製品、蔬菜、菇類、麵食為主，雞肉（雞心、雞肉塊）、魚肉為輔。基本上以豆類製品和蔬菜作為強力主打，而另外一些印度沒有的食材像是魚丸（印度人不吃豬肉，貢丸改以魚肉替代）、糯米腸（改良以豬大腸做的外層，以其他食材替代）、水晶餃（內餡改用雞肉或蔬菜替代）、金針菇、杏包菇、彩色椒、秋葵等等，基於成本考量，為限量限時供應，也可視為飢餓行銷的手法。此外，推出一些具特色食材，如湯圓、年糕、蒟蒻、南瓜、蓮子、菱角等等。

麵食部分，可提供多種選擇，有三色麵疙瘩、蕎麥麵、拉麵等等，有別於一般傳統滷味，有更豐富的選擇。湯頭的部分，分成三種：中藥（加當歸、枸杞、川芎……）、咖哩、麻辣。因印度人喜歡吃辣，所以以麻辣為強力主打，而且可依消費者的口味選擇辣度等級。而醬汁的部分，提供椒麻、香茅、辣味、咖哩口味等等。台灣人習慣吃東西的時候搭配飲料，但根據訪談結果，印度人吃東西時只會搭配水，因此提供免費的檸檬水讓消費者解油膩，改變味覺。食材以印度當地的食材為主，可有效降低成本。而印度沒有的食材像金針菇、杏包菇、彩色椒等等，則以空運的方式向鄰近國家或台灣進口。由於印度食材普遍較台灣便宜，因此價格設定為台灣的一半。為了更加了解印度人對於此主題（雞排&滷味）的想法，我們共訪問了四位在台印度留學生，關於產品口味、食材選擇等實質上的建議，藉此促進台灣小吃在印度的發展。因此訪問得重點主要放在「如何做出印度人喜歡的口味」、「印度人的飲食習慣」兩點。

首先關於「雞排」的部分，四位印度朋友當中有一位沒有吃過台灣的雞排，不過大家都很喜歡雞料理，雖然在印度也有不少雞料理（咖哩雞肉、香料烤雞等），不過卻沒有類似雞排的料理，為台灣雞排增加不少拓展機會。在雞排的口味方面，我們選擇了五種口味，分別是：泰式椒麻、辣味、原味、起士藍帶、咖哩。其中辣味口味的風評最好，其次是咖哩、泰式，印度友人表示很喜歡台灣的辣度，整體上很剛好，而且在印度吃咖哩的時候比較常用薄餅沾咖哩醬食用，所以比較推薦使用液態的醬料取代辣椒粉，而且希望把辣度的控制用在醬料方面而非雞排內，可以讓客人依照自己的喜好來決定辣度，因為在印度還是有少部分的人其實是不吃辣的。而原味的口味則是一致否決……最後關於起士藍帶口味，每個人的觀感則不同，有人很喜歡起士的甜味，但也有人比較想改用酸味的起士，不過在印度並非每個人都吃起士的，因此雖然感覺很新奇，但也比較難確保穩定的消費族群，有可能熱潮一過後就失去客源。

怎樣的雞排才是印度人喜歡的呢? 除了辣以外，就是要「大塊」，雖然說份量要大，但是其實印度人都比較喜歡貼心的為顧客切成小塊的包裝方式，除了方便食用外，也比較容易分享。雖然在台灣的雞排大多使用紙袋包裝，不過因為在印度的夜市料理比較常用鋁箔免洗餐盤，因此比起紙袋，紙盒的接受度會更高，也能配合上述切小塊後以竹籤食用，應該會是個不錯的銷售方式。至於售價部份。在台灣，一份雞排大約50元，雖然印度友人認為價格尚可接受，不過因為印度的雞肉價格比台灣低（1公斤約50台幣），因此販售的地點將會有不同的售價。如果是在都市地區，客群主要以學生為主，那麼售價就不宜超過台幣50元，因為在印度的一份麥當勞套餐就大約50台幣，以當成點心來推廣的話訂在25台幣會比較符合印度學生點心的行情。不過如果是在孟買的海灘夜市，因為消費族群以觀光客為主，售價就可以相對提高一些（50～70台幣）。

圖：商場美食街人潮（方天賜提供）

說到雞排當然就要想到搭配的冰涼飲料了，不過因為雞排的鹹味，受訪者們其實都還是想搭配白開水。銷售時也可以雞排搭配茶類的飲料一起配成套餐。在印度比較受歡迎的茶類就是奶茶了，而且印度人基本上只喝熱的茶飲，雖然最近綠茶開始出現在印度的茶飲當中，不過接受度還是不高，大多數的人喝過後也表示不喜歡。台灣飲料的代表作：珍珠奶茶，雖然也是個不錯的選擇，不過其實珍珠奶茶曾經在印度市場推展過，但是最後卻失敗了……失敗的主因，印度友人表示是因為推廣得不夠徹底，導致很多印度人根本不知道珍奶也沒試喝過，對於一個完全不熟悉的飲料自然有就不會購買了。如果曾經試喝過的話，受訪者表示絕對會大受歡迎的，受訪者自己剛來到台灣時曾經天天喝（不過因為認為台灣得太甜所以都喝半糖），就這麼持續了3個月結果胖了6公斤，想戒卻還是戒不掉，現在都維持一個月1～2杯。珍奶如果推廣的適宜，或許能夠跟雞排一起在印度市場闖出一片天。

接著第二個主題，「滷味」。相信這個身為台灣人都不陌生的美食，對於印度人來說卻是個不太想嘗試的食品，為什麼呢？訪問後我們發現，印度人對於食物的外觀相當重視，因此看似大鍋飯、什麼食材通通丟在一起的滷味在第一印象中就被打折了。第二點是味道，台灣滷味的特色，滷汁的味道似乎不太能被接受，受訪者表示為起來臭臭的……不過實際試吃後發現感覺還不錯，就如同之前所說的珍奶一樣，要是沒辦法讓人們嘗試到，想要在市場上拓展是有難度的。因為「滷味」的特色就在於可以自由選擇食材。

在這一系列訪談中，我們改採列出各種滷味常見的食材，依序詢問各位印度友人對於這個食材的味道、偏愛程度進行調查。不過在訪問同時，我們也發現了另一個大問題，就是有些台灣的常見配料雖然聽過，但是卻從來沒有嘗試過，而且台灣的部分食材會使用到牛豬肉，這在印度教、伊斯蘭教信徒眾多的印度會難以推廣，所以必須把食材限定在雞肉、蔬菜為主。因此在食材部分挑選了以下類型：

1. 肉、蛋類：貢丸、糯米腸、豬腸、蟹肉棒、小鳥蛋、黑輪片、甜不辣、雞心、雞皮、雞翅、雞爪、雞肝、雞脖子、滷蛋、鴨翅、水餃

2. 蔬菜、豆類、菇類：豆皮、豆干、油豆腐、豆腐、海帶、白蘿蔔、花椰菜、高麗菜、小玉米、青江菜、四季豆、青椒、金針菇、杏苞菇
3. 麵食類：速食科學麵、冬粉

肉、蛋類的部分，因為印度有不少伊斯蘭教徒的關係，與豬相關的食材在推廣上不易，因此都被否決了，雖然貢丸不適合，不過如果改用魚丸也許會有不錯的效果。因為在印度，魚類大多都是用煎炒煮等方式烹煮，對於將魚類制成魚漿製品的食用方式幾乎沒有，因此魚漿製品不但可以開拓新的市場，也能更加推廣台灣的特色小吃，同樣屬於魚漿製品的蟹肉棒、黑輪片、甜不辣在受訪者口中也都是非常好吃的台灣小吃，發展的潛力無窮。對於台灣的「粽子」印度友人是大力稱讚，在印度同樣也沒有這類型的米製品，因此只要將糯米腸的外層（豬腸）改良，肯定能成為不錯的商品。

因為印度教、伊斯蘭教的關係，我們選擇推廣的肉類以雞肉為主。雖然都是雞內，不過各地的飲食習慣也不盡相同。像在台灣，我們除雞肉以外，雞心、雞皮、雞翅、雞爪、雞肝、雞脖子等部位也都是我們的桌上佳餚，不過在印度，雞皮、雞翅、雞爪都是印度人完全不吃的部位，而雞心、雞肝在印度是很常見的燒烤點心，不過除此之外的雞心料理就很少見了（偶爾有些放入咖哩當中）。而雞脖子，在台灣我們時常使用火烤，或是加到滷味中增添香氣，作為下酒菜；不過在印度雞脖子基本上只有一種食用方法，就是切塊後加入到咖哩當中，因此以上的幾項雞肉部位其實也都不適合推廣。

印度人對於雞的吃法，基本上就只有吃雞胸、雞大腿的部分，其餘的部分都是不太吃的，因此如果要將雞肉加到滷味當中，雞心、雞肉塊應該會是比較符和印度人口味的滷味食材。最後像是小鳥蛋、滷蛋、鴨翅、水餃當中，小鳥蛋與水餃的評價都相當不錯，小鳥蛋很方便食用，而水餃的口感很令人印象深刻，受訪者表示只要改用雞肉、蔬菜等內餡肯定會大受歡迎。雖然印度人也會吃鴨，不過鴨翅跟雞翅一樣也都是不吃的。滷蛋獲得的評價倒是挺微妙的了……滷蛋的特色就在於能夠吸收滷汁的味道融入蛋中，但是在印度卻只有吃水煮蛋的習慣，而且滷味本身的味道如果太臭的話有些印度人

會沒辦法接受，導致客人不敢嘗試，雖然受訪者的朋友當中也有人很喜歡吃滷蛋，整體上口味還是因人而異，算是一樣喜好界線分的非常明顯的食材。

圖：印度街頭小吃（方天賜提供）

至於蔬菜、豆、菇類，這一部分的評價其實蠻簡單的，除了海帶、青江菜和白蘿蔔以外，其他的食材都獲得非常好吃的想法。海帶的口感和味道（應該說有點臭臭的）讓印度人感到很不舒服；青江菜則是因為印度人比較喜歡吃水煮的，因此不會選擇加到滷味的鹹辣湯汁中。不喜歡滷味白蘿蔔倒是讓我們感到意外，原來印度人只會把白蘿蔔加入到沙拉中食用，也就是切片生吃，對於煮過的白蘿蔔基本上都會拒絕，很可惜無法順利推廣台灣好吃的燉蘿蔔。

整體而言，豆類製品因為口感不錯，變化性多樣（豆干口感紮實、豆皮略有嚼勁、油豆腐可以吸飽湯汁、豆腐Q軟順口），且又是素食，能搭配的醬料種類也多，因此廣受好評。蔬菜、菇類的部分只要醬料選用的適宜（偏辣），印度人普遍都能接受。其中金針菇、杏包菇都有不錯的發展潛力，在台灣我們很常見到金針菇加入到各種燉煮、火鍋類食品當中，受訪的印度人也表示很常吃到金針菇，覺得口感非常的好，有嚼勁香味也不錯，不過在印度卻幾乎沒有見過金針菇；杏包菇也是相似的情況，因此金針菇、杏包菇應該能成為印度滷味中的熱門商品。

那麼，怎樣的滷味才是印度人喜歡的呢? 其實跟雞排口味一樣，湯汁要辣，也要有一點鹹，雖然在台灣我們吃滷味的時候很少把湯汁全部喝完，不過受訪的印度人都表示只要湯夠辣，都會想喝完。而滷味跟雞排不一樣，雞排的特色在於厚實的雞肉與多樣的醬料，不過滷味的特色則在於多樣化的食材搭配，平常我們所吃的滷味大多有自由選擇以及固定組合的套餐搭配，當然全體印度友人一制通過，可以選擇自己喜愛的食材，自由搭配的方式是最佳選擇。至於包裝方式部分，內用可以選用紙碗；外帶則改用塑膠袋會較合適。最後是售價部分，因為印度的食材普遍比台灣便宜很多，且蔬菜的種類也相當齊全，建議是將售價調整為台灣的一半。

最後，從以上的種種訪談中可以發現，印度人真的很喜歡刺激性的食物，因此在販售食物時優先考慮到食物本身或是醬料的辣度。而印度因為宗教的關係，所以牛、豬製品都比較難推廣，不過在滷味當中也有幾項只要稍加改良，應該也能推廣於印度市場。而豆類、蔬菜類、菇類除了是素食外，豆類的變化性高、蔬菜的普及性高、菇類的接受度高，因此如果要在印度推廣滷味的話，可能會選擇以豆製品、蔬菜、菇類為主的，部分雞肉類、魚漿製品為輔的滷味行銷。而雞排的部分，應該會選用份量大、切成小塊的雞排，再搭配各種辣度的醬料進行行銷，供客人可以自由的選擇喜愛的辣度。

結合上述幾點，我們認為雞排與滷味在印度的發展有值得一試的空間，例如前面提到的，台灣的雞排在醬汁、口味上已經有相當長時間的發展，相信這些條件與優勢都能帶給印度市場相當程度的衝擊。另外在滷味部分，這對印度市場而言也是十分新穎的選擇。此外，如前面所述，我們也特定訪談了幾位印度朋友，以提供最在地且第一手的意見，相信這些準備都能夠讓我們的成功率有效提高。最後，非常感謝長期以來一起合作的夥伴，有大家的同心協力，才能夠有今天如此完整的規劃，也希望我們最後能在印度市場的戰役上打出漂亮的一戰。

國家圖書館出版品預行編目 (CIP) 資料

前進印度當老闆——50 位清華大學生的「新南向政策」
/ 方天賜 主編
一初版一新竹市：清大出版社，民 105. 11
192 面；17×23 公分
ISBN 978-986-6116-58-2(平裝)
1. 創業 2. 國外投資 3. 印度

494.1 105019831

前進印度當老闆——50 位清華大學生的「新南向政策」

主　　編：方天賜
發 行 人：賀陳弘
出 版 者：國立清華大學出版社
社　　長：戴念華
行政編輯：董雅芳
地　　址：30013 新竹市東區光復路二段 101 號
電　　話：(03)571-4337
傳　　真：(03)574-4691
網　　址：http://thup.web.nthu.edu.tw
電子信箱：thup@my.nthu.edu.tw
其他類型版本：無其他類型版本

展 售 處：紅螞蟻圖書有限公司 (02)2795-3656
http://www.e-redant.com
國家書店松江門市 (02)2517-0207
http://www.govbooks.com.tw
出版日期：西元 2016 年 11 月（民 105.11）初版
定　　價：平裝本新台幣 480 元

ISBN 978-986-6116-58-2 GPN 1010502174

著作人：徐鑑均、莊于萱、姜昕、張冠譽、吳信儒、江玉敏、張瑋城、陳霆恩、黃世耀、謝東儒、江昀軒、吳育瑞、何保葆、陳冠良、林詩雅、孔祥威、陳禹叡、陳重光、朱怡頤、林冠廷、尚俊霖、蔡奇芝、陳宣榕、吳敏莉、陳經貿、游庭維、余書綺、呂玉婷、王景鴻、謝蓉蓉、廖常虹、范韻如、黃遵翰、楊群、林奕廷、楊杰穎、洪詣軒、張瓊羽、詹承諭、李名耀、陳永慶、賴煌霖、姚定嘉、徐芷翎、林明葦、錡嘉瑋、余佳穎、陳熙、黃筱芬、施秉洋